国家示范校建设项目教材

U0242176

Flash动画设计项目教程

主　编	原旺周　程远炳
副主编	崔瑞峰　陆诗峰
参　编	王万杰　程利娟　付　伟
	李书平　李鹏霄　杨　立　冯　佳

 中国轻工业出版社

图书在版编目（CIP）数据

Flash 动画设计项目教程/原旺周，程远炳主编．—北京：中国轻工业出版社，2025.1
国家示范校建设项目教材
ISBN 978 - 7 - 5184 - 0475 - 9

Ⅰ.①F… Ⅱ.①原 ②程 Ⅲ.①动画制作软件—高等学校—教材
Ⅳ.①TP391.41

中国版本图书馆 CIP 数据核字（2015）第 130946 号

内 容 简 介

全书共分 12 个项目，采用任务驱动的教学方式，以项目为主线，内容的安排体系按照由浅入深、先易后难的原则，具体安排为：Flash 入门——图层的编辑与元件的创建——绘制矢量图形——输入文本和导入外部图象——编辑对象——动画制作（运动渐变动画、形状渐变动画、遮罩动画、帧帧动画）——文本应用——声音和视频的应用——课件制作——演示型课件的一般制作方法。

本书配备案例的素材和源文件。

本书适合作为职业学校计算机应用、动漫游戏、数字媒体、平面设计等专业的教材，也可作为二维动画设计爱好者自学使用。

责任编辑：张文佳 刘 晶 责任终审：劳国强 封面设计：锋尚设计
版式设计：王超男 责任校对：吴大朋 责任监印：张京华

出版发行：中国轻工业出版社（北京鲁谷东街 5 号，邮编：100040）
印 刷：三河市万龙印装有限公司
经 销：各地新华书店
版 次：2025 年 1 月第 1 版第 5 次印刷
开 本：787×1092 1/16 印张：13.25
字 数：320 千字
书 号：ISBN 978 - 7 - 5184 - 0475 - 9 定价：35.00 元
邮购电话：010 - 85119873
发行电话：010 - 85119832 010 - 85119912
网 址：http://www.chlip.com.cn
Email：club@ chlip.com.cn
版权所有 侵权必究
如发现图书残缺请与我社邮购联系调换
242718J3C105ZBW

为了响应国家示范校建设和学校关于开发和编写校本教材的号召，根据学生对动画设计的兴趣和教师对课件制作的需求，结合近几年教学的经验和教训，我们编写了《Flash动画设计项目教程》这本书。

Flash 具有强大的二维动画制作功能，可以用于各行业的动画制作，也是日渐兴起的多媒体 CAI 课件制作软件。Flash 课件能将教学中抽象、微观和宏观的知识，以动画的形式表现出来，提高了学生对内容的理解和认识，增强了学习兴趣。

Flash 作品文件短小，便于在互联网上进行传播和交流，实现资源共享。Flash 作品可以在 Authorware、Powerpoint、Frontpage、Dreamweaver 中使用。

为了提高学生学习的积极性、灵活性、适用性、兴趣性和实践性，采用模块化结构、单元组合、任务驱动的模式，每个单元掌握基本知识、学会一些操作技能，完成一个具体任务，几个小任务，完成一个大任务。通过大量的制作实例，让学生掌握动画的制作方法，而且还提供了每个实例的源代码程序，学生可打开源代码程序进行模仿和理解。

全书共包括 12 个项目，内容如下：

项目 1：通过一个 Flash 动画的制作，了解 Flash 动画制作的流程。

项目 2：介绍图层、元件、帧的创建与编辑。

项目 3：介绍如何用工具箱中的工具绘制矢量图形。

项目 4：介绍静态文本、动态文本、输入文本在 Flash 动画制作中的应用方法。

项目 5：介绍对舞台中的对象进行编辑的方法。

项目 6：介绍运动渐变动画的创建方法。

项目 7：介绍形状补间动画的创建方法。

项目 8：介绍遮罩动画的创建方法。

项目 9：介绍帧帧动画的创建方法。

项目 10：介绍脚本语言及交互动画的设置方法。

项目 11：介绍声音和视频在 Flash 动画制作中的应用方法。

项目 12：介绍 Flash 课件的制作方法。

在学习和讲授这本书时，教师或学员可根据具体情况进行学习内容的调整，也可根据教学要求进行删减。

这本书编成后，在计算机组经过多名教师的试用和检验，老师和同学反映教学效果良好，教材实用。

本书在编写过程中，受到了学校领导的大力支持和鼓励；得到计算机组全体老师的帮助和指导，他们提出了很好的建议和意见，在此表示深深的感谢。

本书由原旺周、程远炳任主编，崔瑞峰、陆诗峰任副主编。参加编写的还有王万杰、程利娟、付伟、李书平、李鹏霄、杨立、冯佳。由于编写时间仓促，加之作者水平有限，书中难免存在疏漏和不足之处，恳请各位读者批评指正。

编者
2015 年 5 月

目录

CONTENTS

项目 1 | 我的第一个 Flash 作品

项目简介

本项目通过制作一个简单的 Flash 作品，熟悉 Flash 软件的各个面板窗口，理解用 Flash 制作动画的流程。本项目涉及 Flash 的主要工具栏、绘图工具栏、舞台与工作区、标尺与辅助线、常用面板等工具的介绍，还介绍了图层、帧、元件、实例、库、场景等概念。详细介绍了 Flash 文件的播放、保存、打开、关闭与输出。

学习目标

◇ 掌握 Flash 的启动、存盘和关闭的方法
◇ 掌握 Flash 输出影片与发布影片的方法
◇ 掌握常用工具的使用方法
◇ 掌握常用面板的使用方法
◇ 了解图层、帧、元件、实例、库、场景等概念
◇ 了解制作 Flash 动画的流程

项目分解

任务 1.1　Flash 的启动与退出
任务 1.2　制作第一个 Flash 动画影片
任务 1.3　Flash 文件的播放、保存、打开、关闭与输出
任务 1.4　思考与实践

任务 1.1 | Flash 的启动与退出

1.1.1　任务描述

制作 Flash 动画的前提是能够正确地启动和退出 Flash 软件，本任务还需了解软件的窗口界面。

任务要点

◇ 掌握 Flash 主要工具栏和绘图工具栏中工具的使用方法

◇ 掌握舞台和工作区的区别

◇ 掌握标尺和辅助线的含义

◇ 理解常用面板的含义

◇ 掌握时间轴窗口中各个对象的作用

1.1.2　知识准备

了解 Flash

Flash 是一种用于制作动画的软件，Flash 不但用于网页制作，而且还应用于交互式多媒体软件的开发。Flash 不仅能单独制作动画作品，而且 Flash 作品还可导入到 Frongtpage、Dreamveaver、Powerpoint、Authorware 等多媒体制作软件中。Flash 版本较多，逐步升级，功能越来越强，本书以常用的 Flash CS3 版本讲解。

1.1.3　任务实现

【案例 1】

Flash CS3 的启动与退出

（1）单击屏幕左下方的"开始"按钮，选择"所有程序"——" 𝗙𝗹 Adobe Flash CS3 Professional"。也可以在桌面上创建一个 Flash CS3 快捷图标，然后双击该图标打开软件。

启动之后，使用界面如图 1-1 所示。

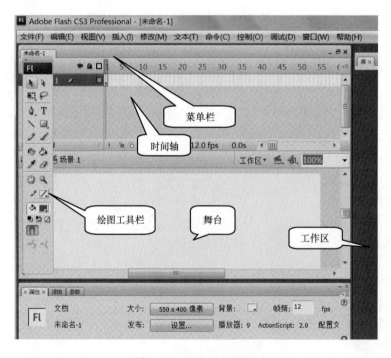

图 1-1　Flash CS3 界面

（2）如果想退出 Flash CS3，只需单击工作界面右上角的关闭程序 ✕ ，或者单击菜单"文件"——"退出"。

（3）在退出 Flash 前，一定要保存原文件。方法是单击"文件"——"保存"或"另存为"命令，也可以使用快捷键 Ctrl + S。

【案例 2】

认识主要工具栏（图 1 - 2）

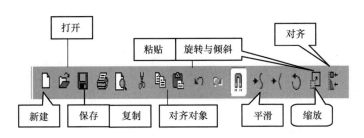

图 1 - 2　主要工具栏

|（1）新建：新建 Flash 文件。|（2）打开：打开已存在的 Flash 文件。|

（1）新建：新建 Flash 文件。　（2）打开：打开已存在的 Flash 文件。

（3）保存：保存正在编辑的文件。　（4）打印：打印正在编辑的文件。

（5）打印预览：预览打印效果。　（6）剪切：所选内容移入剪贴板。

（7）拷贝：所选内容复制到剪贴板。　（8）粘贴：插入剪贴板中的内容。

（9）撤消：取消上一次操作。　（10）重做：重做上次被撤消的操作。

（11）贴紧至对象：用于辅助绘制图形、调整对象到指定位置上、制作路径动画等。

（12）平滑：使线条或图形边框变得更加光滑，该功能可连续使用。

（13）伸直：使线条或图形边框变得更加平直，该功能可连续使用。

（14）旋转与倾斜：对所选的内容进行旋转或倾斜操作。

（15）缩放：缩小或放大所选中的内容。

（16）对齐：对多个选中的对象进行对齐、分布、匹配和间隔，调整它们间的相对位置。

【案例 3】

认识绘图工具栏（图 1 - 3）

绘图工具栏包含了绘制、编辑图形所需的大部分工具，利用他们进行图形设计，例如绘制直线、圆、椭圆、矩形、添加文字、调整图形颜色、形状等。

绘图工具栏的作用如下：

（1）箭头工具：用于选择对象、改变线条或图形边框线的形状。

（2）部分选取工具：在线条或图形边框线上单击，可显示出用来编辑的顶点，用于精确调整线条的形状。

（3）直线工具：用于绘制直线。

（4）套索工具：用于选择不规则的图形对象。

（5）钢笔工具：用于绘制精确的直线或曲线路径。

（6）文本工具：用于文字的输入和编辑。

（7）矩形工具：用于绘制矩形或圆角矩形，按 Shift 键，可绘制正方形。也可以绘制椭圆，按

Shift 键，可画出圆形。

（8）铅笔工具：用于手绘图形，类似于铅笔画线、作图。

（9）刷子工具：用于绘制实心区域，画笔的形状和大小可设定。

（10）任意变形工具：实现对图形或文字对象的任意变形，包括旋转、缩放、倾斜和扭曲，填充变形工具也在此工具中体现。

（11）填充变形工具：用于调整图形填充内容的方向、大小和中心位置。

（12）墨水瓶工具：用于改变线条或图形边框线的颜色、宽度和样式。

（13）颜料桶工具：用颜色填充封闭的图形区域，还可使用渐变色和位图进行填充。

（14）吸管工具：从一个对象上获取或线条属性，然后将他们复制到其他对象上。

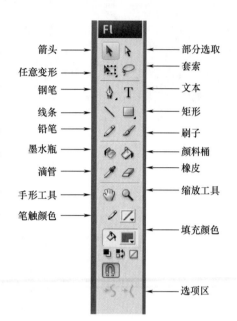

图 1-3　绘图工具栏

（15）橡皮擦工具：用于擦除多余的图形对象。

（16）手形工具：当画面过大不足以显示全部内容时，用该工具拖动舞台来查看其余部分。

（17）缩放工具：放大或缩小显示比例。

（18）笔触颜色：用于设置线条或图形边框的颜色。

（19）填充颜色：用于设置图形填充的颜色，还可以设置为渐变色或位图。

【案例 4】

认识舞台和工作区（图 1-1）

舞台是绘制图形、输入文字、设计动画等各项操作的区域，而工作区是位于舞台周围的灰色区域。

工作区类似于唱戏的后台，只有在舞台上制作的对象，在播放时才会显示出来。

设置舞台的大小和背景："修改"——"文档"（图 1-4）

图 1-4　文档属性对话框

【案例 5】

认识标尺、网格和辅助线（图 1-5）

为了使对象在舞台上能够精确定位，Flash 提供了三种辅助定位工具：标尺、网格和辅助线。

（1）标尺的显示："查看"——"标尺"；

（2）网格的显示："查看"——"网格"——"显示网格"；

（3）辅助线的显示："查看"——"辅助线"——"显示辅助线"。

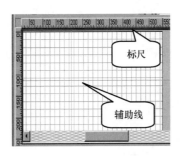

图1-5 标尺、网格、辅助线

【案例6】

认识 Flash 的"颜色"面板（图1-6）

"颜色"面板：供用户选择想要填充的颜色。一般地，在"颜色"面板中选择颜色和填充方式后，再单击工具箱中的颜料桶工具，然后单击填充对象。

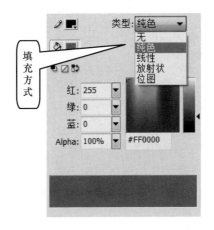

图1-6 颜色面板对话框

该面板中的 Alpha 项用于设置颜色的透明度，值为100%表示完全不透明，值为0%表示完全透明。

在填充方式下，下拉列表框中可以选择不同的填充方式，包括纯色、线性渐变、放射渐变、位图。

【案例7】

认识时间轴（图1-7）

时间轴好像导演的剧本，它决定了各个场景的切换以及演员出场、表演的时间顺序，Flash 把动画按时间分解为帧，在舞台中直接绘制的图形或从外部导入的图像，均可形成单独的帧，再把各个单独的帧画面连在一起，合成动画。

时间轴的主要组件为图层、帧、播放头（帧控制区中红颜色的竖线），时间轴窗口可以分为左右两个区域，左边是图层控制区，右边是帧控制区。

图层控制区的上面有"显示与隐藏""锁定与解锁""轮廓线"三个按钮，图层控制区的下面有各个图层名、插入图层按钮、添加运动引导层按钮、删除图层按钮。

右边是帧控制区，它的上面第一行是时间轴帧数标示区，用来标注随时间变化所对应的帧号码，每个帧单元格表示一帧画面，单击一个帧单元格，即可在舞台中将相应的对象显示出来。

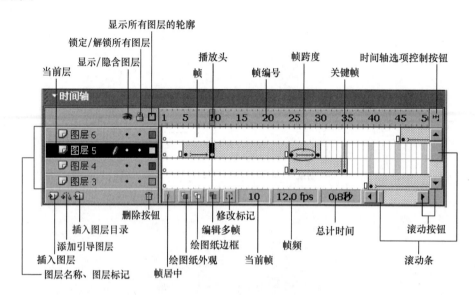

图 1-7　时间轴面板

【案例8】

认识属性面板：（图1-8）

启动 Flash 之后，属性面板默认显示在屏幕的下边。当用户选中某一个对象时，属性面板上就会显示出与该对象相关的属性，如果要修改此对象的属性，可以在该面板上直接对其进行修改。

图 1-8　属性面板

注意：如果在屏幕下方没有显示属性面板，可从"窗口"——"属性"下打开属性面板。

1.2.1 任务描述

通过制作一个简单的 Flash 动画作品，掌握 Flash 动画的制作流程。创建 Flash 影片的流程是本任务的重点。

任务要点

◇ 了解图层、帧、元件的含义

◇ 掌握普通帧与关键帧的区别

◇ 了解三类元件的区别

◇ 了解实例与元件的区别

◇ 了解库的含义

◇ 了解场景的含义

◇ 掌握创建影片的流程

1.2.2 知识准备

(1) 图层

Flash 动画都是由很多图层和帧组成，在时间轴上，每一行就是一个图层，而每一列就是一帧。

在制作动画时，往往要建立多个图层，而各个图层中的内容是互不影响的。

将图层想象成一叠透明的薄片，每张薄片代表一个图层，透过每张薄片的透明部分可以看到下面薄片上的内容。

也就是说，图层就相当于舞台中演员所处的前后位置。图层靠上，相当于该图层的对象在舞台的前面，在同一帧处，前面的对象会挡住后面的对象。

一般情况下，不同的对象要放在不同的层上。

(2) 帧

电影的原理是利用人眼睛的视觉暂留，播放一张张静止的图片，从而给人以连续的感觉，Flash 中的帧就是一张张静止的图片，Flash 中的动画就是依靠关键帧来实现。帧包括关键帧和普通帧。

1）关键帧：关键帧是用于定义动画变化的帧，在时间轴上用一个小圆表示，有实心和空心两种。实心小圆是有内容的关键帧，空心小圆是无内容的关键帧，空关键帧中添加内容，如绘制图形或添加文字，则变成实关键帧。

2）普通帧：在时间轴上不用小圆表示的帧是普通帧，无内容的帧格是白颜色的，而浅灰色的帧格表示与前面关键帧的内容相同，浅蓝色的帧格表示是运动渐变补间动画，浅绿色的帧格表示是形状渐变补间动画。

（3）元件

Flash 中所有的动画元素都被抽象为元件，所有的元件都保存在"库"里，可以被无限地重复调用，甚至可以被其他动画无限地重复调用。

这跟盖房子有点相似，砖头、大理石、天花板相当于元件，而房子相当于元件组成的动画。

在需要元件上场时，只需把元件从"库"中拖到舞台中，对于其他 Flash 影片所带的库内的元件，也可以在新的 Flash 动画中使用。

元件有三种，可分为图形元件、按钮元件、影片剪辑元件。

1）图形元件：用于创建图片和动画片段。它是最常用的元件，它本身是静态的，但可以在不同帧中以相同或不同的形态出现，因此，它常用于依赖时间线的动画，由于它本身是静态的，因此它不能使用声音和其他交互控件。

2）按钮元件：用于响应鼠标动作（单击、滑过）或按键动作，实现交互功能。

3）影片剪辑元件：是指一段单独的电影。可独立于主动画的时间轴进行播放，影片剪辑动画相当于将整个影片剪辑动画的所有帧都放在场景的动画的一帧里，即使场景中只有一帧，也能播放影片剪辑动画的全部帧。

（4）实例

元件拖拽到舞台后形成的对象称为实例，即元件的复制品。元件存放在库内，而实例在舞台中，一个元件可以产生多个实例。

修改元件后，它所生成的实例都会随之更新，当元件的属性（如元件的大小、颜色等）改变时，由它所生成的实例也会随之改变，当实例的属性改变时，与它相应的元件不会改变。

可以改变"实例"的颜色、透明度，改变颜色时，先把它打散（Ctrl + B），再改变颜色，然后再把它成组（Ctrl + G）。改变透明度，可在属性面板中的"颜色"中，选 Alpha。

（5）库

库有两种，一个是用户库，也叫"库"，用来存放用户创建的元件，另一个是系统自带的"共享库"。

库面板的打开："窗口"——"库"。

（6）场景

舞台只有一个，但在演出的过程中，可以更换不同的场景，每个场景都有名称，在舞台的左上角给出了当前场景的名称。

1）增加场景："插入"——"场景"。

2）切换场景：单击舞台右上角的"编辑场景"图标按钮，从快捷菜单中，单击一个场景名。也可以从"查看"——"转到""选一个场景"。

3）修改场景："修改"——"场景"，调出场景面板，可以显示、新建、复制、删除、重命名、改变场景顺序。

1.2.3 任务实现

【案例1】

Flash 动画制作流程

（1）创建新文件、安排场景（新建一个文件，根据脚本安排动画内容）。

通过单击常用工具栏内的新建按钮或"文件"菜单下"新建"命令，新建一个文件；设置影片的基本属性，如影片的尺寸、播放速度和背景颜色（修改——文档，可调出影片属性对话框）。

（2）插入动画成员（绘制各种图形、导入图形文件、制作元件等）。

（3）设置动画效果和测试动画效果（按 Enter 和 Ctrl + Enter）。

（4）保存文件（保存为扩展名是 .fla 的文件）。

（5）输出动画（输出文件为 .swf 文件或 .exe 文件）。

【案例2】

制作第一个 Flash 动画影片实例

影片效果

在背景色为浅绿色的屏幕中，白色的文字"跟我学 Flash CS3"逐渐从左向右走出来，最后停在屏幕中央，同时，一幅美丽的图像逐渐由小变大显示出来，然后，文字"跟我学 Flash CS3"旋转地由大变小，并逐渐消失。

制作方法

（1）设置文件的属性："修改"——"文档"，一般设置影片尺寸为 640 * 480，背景为浅绿色（图1-9）。

图1-9 设置文档属性

（2）制作文字元件：①插入——新建元件，元件类型为"图形"，名称为"文字"——确定，单击绘图工具箱中的文本工具，再在舞台中单击。②在属性面板中设置字体为宋体、大小为70、颜色为红色、加粗，输入"跟我学 Flash CS3"。③单击屏幕左上角的"场景1"，切换到场景1中。

（3）创建文字从左边移到中间的动画：①单击"窗口"——"库"，从库中拖拽"文字"元件到舞台工作区的左边。②单击"图层1"的第一帧，右击——创建补间动画。③在40帧插入关键帧，再把舞台中的文字"实例"拖拽到舞台中间。

（4）制作图像展开动画：单击"图层1"，然后单击"时间轴"上的"插入图层"按钮，增加一个新图层"图层2"，把图层2拖到图层1之下。

（5）创建"图片"元件：①插入——新建元件，元件类型为"图形"，名称为"图片"——确定。②从"文件"菜单下"导入"一个图片，调整图片大小，单击屏幕左上角的"场景1"，切换到场景1中。③从库中拖拽"图片"元件到舞台工作区的中间，并缩小，单击第 40 帧，按 F6 键，插入关键帧，把"图片"元件的实例放大到舞台大小。④在第一帧处右击鼠标——创建补间动画。

（6）制作文字逐渐消失的动画：①在图层 1（文字层）的第 40 帧右击鼠标——创建补间动画，同时单击属性面板，设置"旋转"为"顺时针"，次数为"2"次。②单击第 60 帧，按 F6 键，把第 60 帧的文字调到最小，单击选中图层 2（图片层）的第 60 帧，按 F5 键，建立普通帧。

整个动画的时间轴如下（图 1 - 10）。

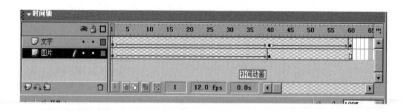

图 1 - 10

文字图层的第 40 帧时的属性面板如下（图 1 - 11）。

图 1 - 11

任务 1.3 Flash 文件的播放、保存、打开、关闭与输出

1.3.1　任务描述

制作动画，不是一次就可制作得比较完美的，需要不断地进行修改，因此动画制作者要掌握原文件的保存、文件的打开、文件的播放与成品的输出。

任务要点

◇　掌握 Flash 文件的播放

◇　掌握 .fla 文件的保存

◇　掌握 .fla 文件的打开

◇　掌握 .fla 文件的关闭与输出

1.3.2 知识准备

（1）播放 Flash 动画

1）单击"控制"——"播放"或按回车键，即可在舞台窗口内播放该动画，对于有脚本程序的动画，采用这种方式是不能够执行脚本程序的。

2）单击"控制"——"测试影片"或 Ctrl + Enter 键，即可在播放窗口内播放该动画。此种方式可以播放有脚本的动画，也可以循环依次播放各场景的内容。

（2）保存 Flash 动画

"文件"——"保存"或"文件"——"另存为"。

（3）打开 Flash 动画文件

"文件"——"打开"，选定要打开的 .fla 类型文件。

"文件"——"作为库打开"，选定要打开的 .fla 类型文件，即可打开选定文件的库，而不打开该动画文件。

（4）关闭 Flash 动画文件

单击窗口右上角的关闭按钮，或单击"文件"——"关闭"，此时，询问你是否保存该文件。

（5）输出

动画完成后，生成作品的方法有两种，一是将其输出，二是将其发布。

1）输出 Flash 影片："文件"——"导出影片"，在导出文件类型对话框中，选择要导出的文件类型。

2）发布设置："文件"——"发布设置"，选择发布的文件格式。可以发布为 .swf 类型文件，也可发布为 .exe 类型文件。

发布时，则默认发布到 Flash 的安装目录或已保存文件的路径中，如图 1 – 12 所示。

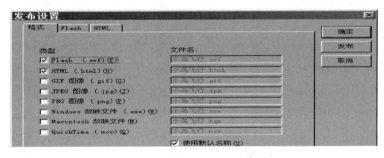

图 1 – 12

1.3.3 任务实现

【案例 1】

对 1.2.3 案例 2 制作的 Flash 动画进行保存到桌面，为 AA. fla 文件；

导出到桌面，为 AA. swf 文件

1）单击"文件"——"另存为"，选择存放位置为桌面，文件名为 AA. fla。

2）单击"文件"——"导出"——"导出为影片"，选择导出存放的位置，名称为 AA. swf。

【案例2】

打开刚保存到桌面上的 AA. fla 文件，并且发布为 EXE 文件

1）启动 Flash 软件后，单击"文件"——"打开"，选择要打开的文件位置和文件名，此处选桌面，文件名选"AA. fla"。

2）文件打开后，再单击"文件"——"发布设置"，选定要发布的文件类型，然后单击"发布"按钮。

任务1.4 思考与实践

1. 选择题

（1）Flash 中的图形格式包括哪两类（　　）。

    A. 矢量图形   B. JPEG 模式   C. 位图模式   D. AIF 模式

（2）在 Flash 中进行动画制作和内容编排的主要场所是（　　）。

    A. 舞台   B. 场景   C. 时间线面板   D. 工作区

（3）使用（　　）工具可以绘制更加精确、光滑的贝塞尔曲线，并且可以使用（　　）工具调整曲线的弯曲度等。

    A. 钢笔   B. 铅笔   C. 箭头   D. 次选

2. 填空

（1）Flash 动画采用＿＿＿＿和＿＿＿＿技术，具有体积小、传输和下载速度快的特点，并且动画可以边下载边播放。

（2）一个动画可以有多个场景组成，＿＿＿＿面板中显示了当前动画的场景数量和播放先后顺序。

（3）Flash 动画源文件的扩展名为＿＿＿＿，导出后影片文件的扩展名是＿＿＿＿。

（4）选择工具箱中的＿＿＿＿工具，可以拖动标尺、绘制出辅助线。

（5）在 Flash 中帧一般分为＿＿＿＿帧和＿＿＿＿帧。

（6）编辑电影画面的矩形区域称为＿＿＿＿。

（7）＿＿＿＿用于组织和控制文档内容在一定时间内播放的图层数和帧数。

（8）＿＿＿＿就像堆叠在一起的多张幻灯胶片一样，每个图层都包含一组显示在舞台中的不同图像。

3. 思考题

（1）Flash 中的时间轴和图层各有什么作用？

（2）舞台与工作区的区别是什么？

（3）如何设置舞台的大小？

4. 实践

（1）上机练习 Flash 文档的新建、保存、打开与关闭操作。

（2）熟悉 Flash CS3 的操作界面，各种浮动面板的打开与关闭。

（3）使用工具箱内各种工具，尝试用不同颜色绘制一些线条、矩形与椭圆图形。

（4）输入不同字体、字号和颜色的文字。

（5）制作一个动画。要求：两个不同颜色的立体彩球同时上下来回跳跃。

项目 2 | 图层的编辑与元件的创建

项目简介

本项目通过对图层的编辑、帧的编辑、元件的创建以及库的应用，掌握这几个最基本的概念与应用，结合两个创建按钮的案例，熟练应用图层的复制、重命名、移动、删除、显示与隐藏、锁定与解锁；熟练掌握三类元件的创建方法。

学习目标

◇ 理解图层、帧、元件、库的含义
◇ 掌握图层的编辑方法
◇ 掌握帧的编辑方法
◇ 掌握三类元件的创建与编辑方法
◇ 掌握库与公用库的用法

项目分解

任务 2.1　图层的编辑
任务 2.2　帧的编辑
任务 2.3　元件的创建
任务 2.4　思考与实践

任务 2.1 | 图层的编辑

2.1.1　任务描述

Flash 动画就是把多个对象放在不同的图层上分别进行设置。熟练掌握图层的编辑方法是本任务的重点。

任务要点

◇ 理解图层的含义

◇ 掌握图层的添加

◇ 掌握图层的重命名方法

◇ 掌握图层的删除方法

◇ 掌握图层的显示与隐藏方法

◇ 掌握图层的锁定与解锁

2.1.2 知识准备

(1) 了解图层

通过前面图层的概念知道，图层就相当于舞台中演员所处的前后位置。图层靠上，相当于该图层的对象在舞台的前面，在同一纵深处，前面的对象（即上面图层的对象）会挡住后面的对象（即下面图层的对象），各个图层都是完全独立的。

制作动画时，可以根据动画的需要，在影片中建立多个图层，图层的多少，不会影响输出文件的大小。

(2) 添加图层

1）使用工具按钮：单击图层窗格左下角的"插入图层"按钮，在当前图层的上面新建一个图层，图层名称自动取名为"图层 X"（X 是自动编号），如图 2-1 所示。

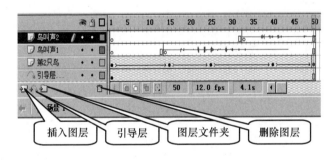

图 2-1

2）使用快捷菜单：右击某图层——"插入图层"。

3）使用菜单命令：单击某个图层的名称，将该图层选中，从"插入"——"图层"。

(3) 选择图层

选择单个图层的方法：

1）单击图层名称。

2）单击时间轴上对应于这个图层的某一帧。

3）单击绘图工具栏上的"箭头工具"按钮，选择舞台上该层中的任一对象。

选择多个图层的方法：要选择多个相邻的图层，先单击要选择的起始图层，按住 Shift 键不放，再单击要选择的结束图层。

要选择多个不相邻的图层，按住 Ctrl 键不放，再单击要选择的各个图层。

（4）**重命名图层**

双击图层的名称，然后输入图层名称。

（5）**复制图层**

使用图层复制功能，可复制出与原图层内容完全相同的图层，包括图层中的动画、动作语句等。

先单击图层名，选中该图层，从菜单"编辑"——"拷贝帧"，则复制所有帧到剪贴板上；插入一个新的图层；在新插入的图层中右击，选"粘贴帧"。

（6）**移动图层**

移动图层可以改变图层中内容上下层的显示关系。先选中要移动的一个或多个图层，用鼠标拖动他们，此时会产生一条虚线，当虚线到达目标位置时，松开鼠标即可。

（7）**删除图层的几种方法**

1）选择要删除的图层，再单击图层窗格右下角的"删除图层"按钮。

2）选择要删除的图层，用鼠标拖动此图层到"删除图层"按钮上。

3）在要删除的图层上右击，选"删除图层"。

（8）**显示或隐藏图层**

隐藏图层后，就不能对该图层上的对象进行编辑，但仍然存在。

单击图层上的"眼睛"图标，出现 X 时表示隐藏，出现铅笔时表示不隐藏。

注意：隐藏图层是指隐藏图层中的对象，不会把图层隐藏掉。

（9）**锁定或解锁图层**

为了防止对已完成的图层进行误操作，可以锁定该图层。锁定该图层后，不影响该图层对象的显示，但不允许编辑该对象。

单击图层上的锁定列，出现"锁"时，表示锁定。

2.1.3 任务实现

【案例1】

图层的操作 1

案例描述：

启动 Flash 软件，在图层 1 之上插入一个新图层——图层 2；并命名图层 2 为"矩形"，选择"矩形"图层，在该层上用矩形工具画一个矩形；在矩形图层之上再添加一个图层 3，把图层 3 移动到图层 1 之下。

制作方法：

（1）启动 Flash 软件，可看到时间轴上有一个图层，名称为"图层 1"。

（2）单击时间轴左下角的"插入图层"按钮，就添加了一个"图层 2"。

（3）双击图层 2 的名称，输入名称为"矩形"。

（4）单击选定"矩形"图层，就选定了该图层为当前图层。单击"矩形"工具，在舞台中拖出一个矩形。

（5）单击选定"矩形"图层 2，单击时间轴左下角的"插入图层"按钮，就添加了一个"图层 3"。

（6）拖动"图层3"的名称，向下拖到"图层1"松手，则完成了"图层3"移动到"图层1"之下的任务。

【案例2】

图层的操作2

案例描述：

启动 Flash 软件，选定"图层1"，在舞台中画一个椭圆；对"图层1"锁定操作；插入一个新图层"图层2"，在该层导入一个图片；在"图层2"上插入一个"图层3"，"图层3"中任意画一条线；再对"图层2"进行隐藏。观察每次操作后的变化。

制作方法：

（1）启动 Flash 软件，可看到时间轴上有一个图层，名称为"图层1"。

（2）单击"矩形"工具右下角的"椭圆工具"，在舞台中拖出一个椭圆。此时，用箭头工具，移动椭圆，看看椭圆的位置能否移动。

（3）单击时间轴上的"锁"按钮，对"图层1"进行锁定。此时，再用箭头工具，移动椭圆，看看椭圆的位置能否移动。

（4）单击"插入图层"按钮，插入一个新图层"图层2"。

（5）从"文件"菜单下，选"导入"——"导入到舞台"，导入一个图片。

（6）单击选定绘图工具栏中的"任意变形"工具，对舞台中的图片进行调整图片大小。

注意：调整图片大小和位置，不要挡住椭圆图形。

（7）单击"插入图层"按钮，插入一个新图层"图层3"。

（8）单击选定绘图工具栏中的"直线"工具，在舞台中拖出一条线。

（9）单击"图层2"的名称，来选定当前图层。

（10）再单击该层"眼睛"下面对应的按钮，出现"×"时，表示对"图层2"中的对象进行隐藏，出现"."时，表示显示对象。此时观察一下，图片还能否显示。

任务2.2 帧的编辑

2.2.1 任务描述

Flash 动画中，动画有两种，一种是逐帧动画，另一种是补间动画，不管哪一种动画，都要用到帧和关键帧。因此，掌握帧的编辑十分重要。

任务要点

◇ 理解普通帧与关键帧的含义与区别

◇ 掌握插入帧、复制帧、移动帧、删除帧的方法

◇ 掌握延伸帧、清除帧的方法

◇ 掌握翻转帧的含义与应用

2.2.2 知识准备

帧包括关键帧和普通帧，它代表时刻，不同的帧代表不同的时刻。帧的运用是制作动画的前提，当播放指针随时间的变化移动到不同的帧上时，就会显示出各帧中不同的内容。

（1）帧和关键帧

认识帧和关键帧，首先要了解 Flash 中的动画，动画有两种类型：一种是逐帧动画，另一种是补间动画。在逐帧动画中，每一帧都是关键帧，而补间动画只需确定起始关键帧和结束关键帧，中间部分的帧由 Flash 自动生成，属于一般的帧，在时间轴上每一小格都是一帧，用小圆表示的帧是关键帧，其他不用小圆表示的帧是一般帧。

1）关键帧。关键帧用于定义动画变化的帧，在时间轴上用一个小圆表示，有空心和实心两种。实心小圆是有内容的关键帧，而空心小圆是无内容的关键帧，即空关键帧。

实关键帧与空关键帧是可以互相转化的，如果将实关键帧中内容删除，就会变成空关键帧，反之，在空关键帧中添加内容，如绘制图形、添加文字等，就变成实关键帧。

关键帧显示状态：

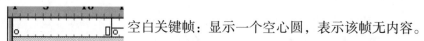：运动渐变动画：起始与结束关键帧之间显示一个浅蓝色背景的箭头。

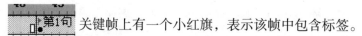空白关键帧：显示一个空心圆，表示该帧无内容。

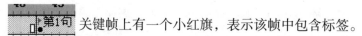形状渐变动画：起始与结束关键帧之间显示一个浅绿色背景的箭头。

关键帧上有一个小红旗，表示该帧中包含标签。

关键帧上有一个字母 a，表示该帧设置了动作语句。

2）普通帧。在时间轴上不用小圆表示的帧，是普通的帧。无内容的帧是白色的帧格，而有内容的帧有一定的颜色，如浅蓝色的帧格表示是运动渐变补间动画，浅绿色的帧格表示形状渐变动画，浅灰色的帧格表示与前面关键帧的内容相同。

（2）插入帧

要插入一个新帧，可在要插入的帧格上，单击鼠标右键，在弹出的快捷菜单中，选"插入帧"（或按 F5 键），"插入关键帧"（或按 F6 键），"插入空白关键帧"（或按 F7 键）。

（3）复制帧

在帧上拖动鼠标来选取要复制的帧，右击，选"拷贝帧"，再在目标位置上，选取一帧或多帧，右击，选"粘贴帧"。

（4）移动帧

选取要移动的帧，按住鼠标拖到目标位置，释放鼠标，即可。

（5）删除帧

选取要删除的帧，右击，选删除帧。或者按 Shift + F5。

（6）延伸帧

延伸帧是在关键帧的后面插入一般的帧，插入帧的内容与关键帧的内容相同，实现关键帧内容的延伸，也可以按 F5 键。

（7）清除帧和清除关键帧

清除帧是将帧中的内容删除，使它成为空关键帧，而清除关键帧是将关键帧变成一般的帧。方法是在要清除的帧上右击，选"清除帧"或"清除关键帧"。

（8）转化关键帧和转换空白关键帧

可以将普通帧转化为关键帧或空白关键帧。操作方法是：在选中帧上单击鼠标右键，在出现的快捷菜单中，选择"转换为关键帧"或"转换为空白关键帧"命令即可。

（9）翻转帧

翻转帧是将选取的多个帧进行翻转，颠倒帧的播放顺序，如一个物体从左向右运动的动画，翻转后，变为从右向左运动。方法是：选取多个要翻转的帧，右击，选"翻转帧"。

（10）添加帧标签和注释

帧标签用于表示时间轴中的关键帧，主要用于帧的定位，如在动画中要跳转到某一帧进行播放，此时在跳转的动作语句（gotoAndplay）中使用帧标签优于使用帧编号，因为在时间轴中添加帧或删除帧时，帧标签会随着帧一起移动，但此时帧的编号已经改变，所以使用帧标签的动作语句可不用修改，但使用帧编号的动作语句则必须修改帧当前的编号，否则跳转就会发生错误。

帧注释用于对时间轴中的关键帧进行注释说明。

添加帧标签和注释的方法相同：选择关键帧，在"属性"面板中的"帧标签"框中输入标签或注释。如果是标签文字，则直接输入即可；如果是注释应在文字开头输入两个斜杠（//）以区别于帧标签，如图 2 - 2 所示：

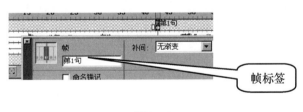

图 2 - 2

2.2.3 任务实现

【案例1】

帧的应用 1

案例描述：

在"图层 1"中导入一张图片，把图层 1 重命名为"背景"，使得"背景"层从第 1 帧到第 30 帧一直显示该背景图片。

制作方法：

（1）启动 Flash CS3 软件，时间轴图层中出现"图层 1"。

（2）单击菜单"文件"，单击"导入"——"导入到舞台"，选定一张图片，并调整图片的大小。

（3）双击图层 1 的名称，输入"背景"，图层 1 就变为了"背景"层。

（4）在"背景"图层的第 30 帧（需要显示的最后一帧）上，单击鼠标右键，弹出快捷菜单。

（5）在快捷菜单中选择"插入帧"命令，"背景"图层的帧延伸到第 30 帧，使"背景"图层从第 1 帧到第 30 帧保持相同的内容，即在整个动画过程中，背景图案保持不变。

（6）按 Ctrl + Enter，测试效果。

【案例 2】

帧的应用 2

案例描述：

一个矩形从左向右运动 3 秒，希望它从右向左运动；运动 1 秒后，一个椭圆从上到下运动，使得两个对象同时停止运动。

制作方法：

（1）启动 Flash CS3 软件，时间轴图层中出现"图层 1"。

（2）单击绘图工具栏中的"矩形"工具，在舞台的左边拖出一个矩形。

（3）单击"图层 1"的第 36 帧，单击鼠标右键，选"插入关键帧"，然后单击选择工具（箭头工具），把矩形拖到舞台右边。

（4）鼠标右击第 1 帧到第 30 帧的任何一帧，选"创建补间动画"，就实现了矩形从左到右的运动。

（5）单击"图层 1"，就选定了图层 1 的所有帧，鼠标右击第 1 帧到第 30 帧的任何一帧，选"翻转帧"，就实现了矩形从右向左的运动。为了防止误操作"图层 1"上的对象，不妨锁定"图层 1"。

（6）单击"插入图层"按钮，添加一个"图层 2"。因为 Flash 动画每秒运动 12 帧，所以，运动 1 秒后，就是第 13 帧，右击"图层 2"的第 13 帧，选择"插入空白关键帧"，此时，第 13 帧就插入了一个空白关键帧。

（7）单击选定该空白关键帧，作为当前帧，单击"椭圆工具"，在舞台上拖出一个椭圆。

（8）右击"图层 2"的第 30 帧，选择"插入关键帧"，此时，拖动舞台上的椭圆到屏幕下方。

（9）右击"图层 2"的第 13 帧至第 30 帧之间的任意一帧，选择"创建补间动画"。

（10）按 Ctrl + Enter 键，测试效果。

2.3.1　任务描述

本任务通过几个案例介绍三类元件的区别，创建每类元件的方法与编辑修改元件的方法，并对管理元件的库作了介绍。

任务要点

◇ 元件的分类
◇ 元件的创建方法
◇ 按钮元件的创建与应用
◇ 元件的编辑方法
◇ 元件库的管理

2.3.2　知识准备

（1）元件的分类

元件类型：前面已经介绍过元件有三种类型，图形元件、按钮元件、影片剪辑。根据元件的用途来选定一种类型。

1）图形元件：可反复取出使用的图片，用于构建动画主时间轴上的内容。图形元件一般是只含一帧的静止图片，有时也可以制作成由多个帧组成的动画。但不能对它添加交互行为和声音控制。

2）按钮元件：用于创建动画的交互控制按钮，以响应当前鼠标事件，按钮有四种不同的状态，可以在不同的状态上创建内容，既可以是静止图片，也可以是动画，还可以在状态上添加声音。

3）影片剪辑元件：可反复取出使用的一段小动画，可独立于主动画进行播放。例如，要制作一只蝴蝶扇动着翅膀从东飞到西的一段动画，则扇动翅膀可做成一个电影剪辑元件，而从东到西则是动画的主旋律，把扇动翅膀电影剪辑元件加上蝴蝶的身体做成一个新的电影剪辑元件，再置入主场景中，从东移到西，完成该效果。

影片剪辑实际上是一段小动画，在播放动画主旋律时，影片剪辑的内容也在循环播放。一个影片剪辑中还可以嵌套影片剪辑，但影片剪辑不能添加交互控制。

（2）创建元件的方法

1）新建元件："插入"——"新建元件"——弹出创建新元件对话框，如图2-3所示。

选择一种元件类型，并输入元件名称，确定。

在新建元件编辑窗口内绘制图形或导入图形，（注意：要让绘制的图形的中心与十字

图 2 - 3

线标记对齐），元件创作完成后，单击元件编辑窗口左上角的场景名称，又回到舞台工作区中，此时，"库"中多了一个元件。

2）将舞台工作区中的对象转换为元件：选中舞台中的某个对象，"插入"（或右击该对象）——"转换为元件"——选择元件类型——确定。

3）将动画转换为电影元件：如果已经创建了动画，并且以后还要用到它，可以选取这个动画，并将它转换成影片剪辑元件。

按住 Shift 键，单击动画的所有层（此时层上所有帧也被选中）——右击——"拷贝帧"。"插入"——"新建元件"——选类型为"影片剪辑"——在时间线的第一帧上右击——"粘贴帧"。单击场景名，回到主场景中。

4）复制元件：要创建一个新的包含已知元件的部分或全部内容的元件，就需要复制已知的元件，然后对复制的元件进行编辑。

打开元件库（"窗口"——"库"），在元件库中选择要复制的元件——右击——复制，然后双击复制出的元件进行编辑，删除不需要的部分。

5）使用其他动画中的元件：可以将其他动画中的元件应用到当前动画中来。

"文件"——"导入到库"。或打开某个动画文件，从其库中，把元件拖到当前动画的舞台中。

6）将外部的 GIF 动画转换为电影元件："插入"——"元件"，"文件"——"导入"一个 GIF 文件，此时，时间轴上在前几个单元格内出现关键帧。

（3）创建按钮元件

什么是按钮元件：

按钮也是对象，当鼠标指针移到按钮之上时（鼠标经过）或单击按钮（鼠标按下），即产生交互时，按钮改变形状或颜色，或执行某个效果（如播放声音，转到某个帧或转到某个场景等），按钮有四个状态，这四个状态分别是：

1）"一般"（即 up，弹起）状态：鼠标指针没有接触按钮时，按钮处于弹起状态。

2）"鼠标经过"（即 over）状态：鼠标指针移到按钮上面，但没有单击时的鼠标状态。（在此关键帧上输入文本，可实现即指即显文本的特殊效果）。

3）"鼠标按下"（即 down）状态：鼠标指针移到按钮上面，并单击左键时，按钮处于按下状态。（此关键帧，可导入声音，并在属性面板中，"声音"中选择导入的声音文件名，"同步"中选"事件"或"开始"；如果要停止声音，则"同步"中选"结束"）

4）"反应区"（Hit）状态：此状态下可定义鼠标事件的响应范围，用工具栏中的工具如矩形，绘出一个区域。如果没有设置"反应区"状态的区域，则鼠标事件的响应范围由"一般"状态的按钮外观区域决定。反应区帧的图形在影片中是不显示的，但它定义了按钮响应鼠标事件的区域。

创建按钮方法：①"插入"——"新建元件"，调出对话框。②在对话框中输入按钮元件的名称（如"按钮1"），选择"按钮"类型。③单击第一帧，绘制或导入图形、图像，在第二帧、第三帧、第四帧分别按F6键插入关键帧。第二帧、第三帧可分别改变按钮的颜色或加入声音，制作完成后，单击场景名，回到场景舞台中，把按钮元件从库中拖到舞台中，右击按钮，设定按钮的动作交互语句，如图2-4所示。

图2-4　按钮元件制作

（4）把舞台中的图形转换为按钮元件

选定舞台中的图形——右击——转换为元件——选择元件类型为"按钮"类型。转换的按钮不会出现四个状态，但可以给它设置动作交互语句。

（5）编辑元件

元件在创建了若干实例后，可能需要编辑修改，元件经过编辑后，所有的对应实例都被更新。编辑元件的方法如下：

1）在舞台中，右击某实例——"编辑"。

2）双击库面板中的一个元件，即可调出元件编辑窗口。

3）在舞台中，右击某实例——"在当前位置编辑"或双击舞台工作区中的实例。

4）在舞台中，右击某实例——"在新窗口中编辑"。

（6）编辑实例

元件从库中拖到舞台中，就创建了实例。每个实例都可以独立编辑，互不影响。编辑实例，却不会改变库中的元件。

每个实例都有自己的属性，利用"属性面板"可以改变实例的位置、大小、颜色、亮度、透明度等属性。还可以缩放、旋转实例，如图2-5所示。

图2-5

实例的透明度在属性面板中设定。矢量图形的透明度在"窗口"——"颜色"中设定。实例的颜色可以在属性面板中设定，也可以先把实例打散，再填充，然后再组合。

如果实例的类型是"按钮"或"影片剪辑"，那么还可以设置该实例的名称，便于在制作过程中对它引用。选中实例，在"属性面板"上的"实例名称"栏中输入名称即可。

将元件从"库"中拖到舞台中，所创建的实例与该元件的类型相同。有时根据需要来改变实例的类型，如原来为"图形"，可以将其设置为"按钮"或"影片剪辑"类型。

操作方法是：选中实例，在"属性"面板上的"元件类型"下拉列表中，选择所需的类型即可。

（7）库的应用

"库"面板主要用于组织和管理元件，利用它可以对其中的元件重复使用，大大降低了文件的尺寸；另外，还可以与他人共享存于库中的元件，提高制作效率，丰富素材资源。库中除图形元件、按钮元件、影片剪辑外，导入的视频、声音、位图等虽然不是元件，但 Flash 也把它们作为元件处理。

库是组织和管理元件的场所，在库面板中可创建新的元件、删除元件、重命名元件、复制元件。

1）公用库：公用库存放了一些制作过程中常用的元件。Flash 中提供了 3 个公用库：按钮、声音、学习交互。也可以自建公用库。

在公用库中不能添加新元件，并且不能对公用库中的元件进行编辑，不能进行重命名、删除、查看元件属性等。将公用库中的元件拖到舞台中，它同时也加入到该文件的"库"面板中，在该文件中是可以对元件进行编辑的。

2）自建公用库：自建公用库是非常实用的功能，平时收集一些素材，将其制成自建公用库，以后可以随时调用。自建公用库方法如下：①新建一个空文件，选择"窗口"——"库"菜单命令。此时，库中无任何元件。②选择"文件"——"作为库打开"菜单命令，在弹出的对话框中，选择包含所需元件的 Flash 源文件，单击"打开"按钮，弹出所选外部文件的"库"面板（不打开所选文件内容）。③在外部文件的库面板中，选中所需的元件，将其拖动到自建文件的"库"面板中。④依照上述方法，从不同的外部文件的库中获取元件，加入到自建库中。⑤将该文件保存为"素材 . fla"（文件名也可根据需要来选取）。⑥将该文件复制到 Flash 安装目录（如：C：\ program files \ Adobe \ flash cs3 \ configuration \ libraries）文件夹中。⑦重新启动 Flash，在"窗口"菜单下的"公用库"子菜单中已增加了"素材"菜单选项，单击该菜单命令，即可显示该公用库面板。

注意：如果不能自建公用库，可能你用的 Flash CS3 版本是绿色版，使用 Flash CS3 完整版本安装就可以了。

2.3.3 任务实现

【案例1】

创建影片剪辑元件

制作方法：

（1）"插入"——"新建元件"，调出对话框。

（2）在对话框中输入元件的名称"影片 1"，"行为"为"影片剪辑"。单击"确定"按钮。

（3）"文件"——"导入"，导入一个 Gif 文件，如图 2-6 所示。

图 2-6

（4）单击舞台左上角的"场景 1"，回到场景中。

（5）"窗口"——"库"，打开库面板，把"影片 1"元件拖到舞台中。

（6）按 Ctrl + Enter 键测试动画效果。

【案例 2】

制作一个很酷的按钮

按钮的效果：按钮为红色，当鼠标指向按钮时，按钮由红色变为一幅图像，并且显示一首诗（即指即显效果），当单击该按钮时，播放一首音乐。

制作方法：

1. 制作按钮

（1）"插入"——"新建元件"，调出对话框。

（2）在对话框中输入按钮元件的名称"按钮 1"，"行为"为"按钮"。

（3）单击选定"弹起"帧，单击工具箱中的"椭圆"工具，在下方的选项中，选定填充色为红色，按 Shift 键的同时，拖拽出一个正圆。

（4）右击"指针经过"帧，选"插入关键帧"，再右击"按下"帧，选"插入关键帧"；再右击"点击"帧，选"插入关键帧"。

单击选定"指针经过"帧，单击"窗口"——"混色器"——"位图"；"文件"——"导入"，导入一幅花朵的图像；单击工具箱中的"颜料桶"工具，再单击圆的填充内部，此时，圆内部有多幅花朵小图，选定工具箱中的"填充变形工具"，单击圆的填充内部，此时，出现 7 个控制柄，拖拽这些控制柄，可调整位图填充物为一个图像。

单击工具箱中的"文本"工具，单击正圆的上方，在"属性"面板中，设置"行楷"，大小为 21，输入"床前明月光；疑是地上霜；举头望明月；低头思故乡"，如图 2-7 所示。

（5）单击"按下"帧，"文件"——"导入"——导入一首乐曲，在属性面板中的"声音"框中，选定导入的乐曲，"同步"中选"事件"，如图 2-8 所示。

至此，该按钮已制作完成，单击舞台左上角的"场景 1"，回到场景中。

图 2 - 7

图 2 - 8

2. 按钮拖到舞台中

"窗口"——"库",打开库面板,把按钮1拖到舞台中。

3. 按 Ctrl + Enter 键测试动画效果。

任务2.4 思考与实践

1. 选择题

(1) 插入普通帧的快捷键是(   )。

    A. F5   B. F6   C. F7   D. F8

(2) 插入帧的作用是(   )。

    A. 完整复制前一个关键帧所有类别

    B. 延时作用

    C. 插入一张白纸

    D. 以上都不是

(3) Flash 中可以创建(   )种类型元件。

    A. 2   B. 3   C. 4   D. 5

(4) 帧频是指动画播放的速度,Flash CS3 的默认播放帧频是(   )帧/秒。

    A. 12   B. 24   C. 25   D. 30

（5）将库中的素材拖放到舞台后，该素材就会变成一个（　　），也就是素材的复制品。

  A. 实例   B. 元件   C. 图形   D. 按钮

（6）库中的元件，可以重复使用（　　）次。

  A. 1   B. 2   C. 无数次   D. 10

（7）在 Flash 时间轴上"层"是（　　）。

  A. 列   B. 行   C. 行和列   D. 都不是

（8）时间轴上用小黑点表示的帧是（　　）。

  A. 空白帧   B. 关键帧   C. 空白关键帧 D. 过渡帧

（9）关于时间轴上的图层，以下描述不正确的是（　　）。

  A. 图层可以上下移动   B. 图层可以重命名

  C. 图层能锁定   D. 图层不能隐藏

（10）在按钮编辑模式中，其时间轴上有（　　）个帧？

  A. 2   B. 3   C. 4   D. 5

2. 练习制作图形元件、按钮元件、影片剪辑元件。

项目3 | **绘制矢量图形**

项目简介

Flash 动画使用矢量图形和流式播放技术,使得画面无论放大多少倍都不会失真。它具有体积小、传输和下载速度快的特点,并且可以边下载边播放。本项目通过用绘图工具绘制矢量图形。通过线属性的设置、绘制线条、设置填充物,掌握矢量图形的绘制方法。

学习目标

◇ 掌握线属性的设置方法
◇ 掌握绘制线条与轮廓线的方法
◇ 掌握填充物的设置方法
◇ 掌握如何将线转换成填充物及边缘的柔化

项目分解

任务 3.1 绘制线条与轮廓线
任务 3.2 填充物的设置
任务 3.3 思考与实践

任务3.1 | 绘制线条与轮廓线

3.1.1 任务描述

本任务是利用绘图工具栏中的线条工具、铅笔工具、钢笔工具、矩形工具等,设置有关线条和轮廓线的颜色与线型,完成图形的绘制工作。

任务要点

◇ 掌握线颜色的设置方法

◇ 掌握线型的设置方法

◇ 掌握用工具绘制线条和轮廓线

3.1.2 知识准备

（1）了解矢量图形

制作动画之前，一定要准备好对象。对象的来源有三种：一是用绘图工具绘制的矢量图形；二是"库"面板中元件在舞台中生成的实例；三是导入外部的图形、图像、声音和视频等。

矢量图形可以看成是由线条和填充物（主要是填充色）组成的，填充一般可看成对封闭的图形进行，也可以对填充物进行。封闭图形通常由两部分组成：一是它的轮廓线；二是其内的填充物。矢量图形的着色有两种：一是对线条的着色；二是对填充物着色。着色除了可以着单色外，还可以着渐变色和位图。

（2）线属性的设置

1）线颜色的设置：①使用属性面板设置线的颜色：单击"窗口"——"属性"，在属性面板中，利用"笔触颜色"列表框，来选择颜色。或者单击工具箱中的"笔触颜色"按钮图标来选择颜色，如图3-1所示。②利用"颜色"面板设置线的颜色。先双击图形的边框，选中边框线，再单击"窗口"——"颜色"，调出"颜色"面板，在"类型"中，选"纯色"，然后从"笔触颜色"列表框中选一种颜色，如图3-2所示。

注意："颜色"面板可以给图形的边框线着色，而不能给直线段填充颜色。

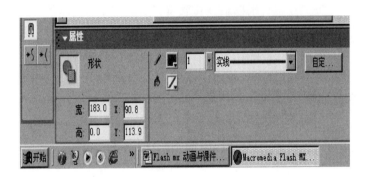

图3-1 线属性面板

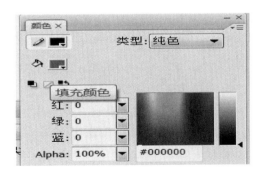

图3-2 颜色面板

"颜色"面板中,可以在 Alpha 文本框中输入百分数,以调整颜色的深浅度。当 Alpha 值设为 100% 时,表示完全不透明,当 Alpha 值设为 0% 时,表示完全透明。

说到用改变 Alpha 值来调整颜色的深浅度这个问题,要注意:对矢量图形可以用"颜色"面板来设置。而对于舞台中的"实例"对象,要改变其颜色的透明度,只能用属性面板中"颜色"列表框中的"透明度"。

而对于导入的外部图像(图片),要设置其"透明度",必须先把图片转换为元件后,才能设置其"透明度"。

图 3 - 3

2)线型的设置:线型包括线的形状、线的粗细和线的颜色等。线型的设定是利用线的"属性"面板来完成的。

使用工具箱内的钢笔工具、椭圆工具、矩形工具和铅笔工具,即可调出相应的属性面板。双击"属性"面板左上角的图标或单击"属性"面板右下角的箭头图标按钮,可以展开或收缩"属性"面板的下半部分内容。"属性"面板左下角的四个文本框用来精确调整对象的大小("W","H"文本框)与位置("X","Y"文本框)。

利用线的属性面板可以设置线和矩形、椭圆形轮廓线的线型。

(3)绘制线条与轮廓线

1)使用线条工具绘制直线。①单击工具箱中的直线工具。②利用其属性面板,设置线的线型和线的颜色,在舞台内拖拽鼠标,可拖出一条直线。③按住 Shift 键,同时在舞台内拖拽鼠标,可拖出一条水平、垂直的 45°角直线(这也适用于铅笔工具)。

2)使用铅笔工具绘制线条图形。使用铅笔工具,可以绘制任意形状的曲线矢量图形。

①单击工具箱中的"铅笔"工具。②利用其属性面板,设置线的线型和线的颜色。③此时,工具箱下边的"选项"栏内会显示一个 ⬛ 按钮,单击该按钮,可弹出 3 个设置铅笔模式的按钮,如图 3 - 4 所示。

图 3 - 4

伸直：它是规则模式，适用于绘制规则线条，并且绘制的线条会分段转换成与直线、圆、椭圆、矩形等规则线条中最接近的线条。

平滑：它是平滑模式，适用于绘制平滑曲线（一般情况下，用平滑模式）。

墨水瓶：它是徒手模式，适用于绘制接近徒手画出的线条。

3）使用钢笔工具绘制直线、折线与多边形。

一般应先设置好线条的颜色，再单击钢笔工具。①绘制直线：单击直线的起点，松开鼠标左键后拖拽鼠标到直线的终点，再双击直线的终点处即可。②绘制折线：单击折线的起点，再单击折线的下一个转折点，不断地依次单击折点处，最后双击折线的终点处。③绘制多边形：单击多边形的一个端，再依次单击各个端点，最后双击多边形的起始点。

注意：使用钢笔绘制多边形时，如果不要填充色，应该先单击钢笔工具图标按钮，再单击 ▉▫️↻ 的中间的图标按钮，取消填充物。

4）使用矩形和椭圆工具绘制矩形和椭圆轮廓线。使用矩形和椭圆工具绘制矩形和椭圆轮廓线以前，一定要先将填充物设置为无填充色状态。即单击工具箱内"填充颜色"栏的图标 🖌▉▾ ，再单击 ▉◿↕ 的中间的图标按钮，取消填充色。

绘制椭圆轮廓线：①先设置好线条的颜色、粗细和类型。②单击椭圆工具图标按钮，在舞台内拖拽出一个椭圆轮廓线矢量图形。③如果在拖拽鼠标时，同时按下 Shift 键，则可绘制一个正圆。

绘制矩形轮廓线：①先设置好线条的颜色、粗细和类型。②单击矩形工具图标按钮，在舞台内拖拽出一个矩形轮廓线矢量图形。③如果在拖拽鼠标时，同时按下 Shift 键，则可绘制一个正方形。④在单击矩形工具图标按钮时，工具箱"选项"栏内增加了一个图标按钮 ⌜↻⌟ ，单击它，可调出一个"边角半径"文本框，在其内输入圆角半径值，可画出一个圆角矩形，默认为直角。

3.1.3 任务实现

【案例1】

绘制五角星

（1）"查看"——"网格"——"显示网格"，在舞台中显示网格线。

（2）单击"线条工具"按钮，在属性面板中设置"笔触颜色"为黑色，"笔触高度"为"1"，在舞台中绘制一条竖直线。

（3）用"箭头工具"单击直线，将其选中；单击绘图工具箱中的"任意变形工具"按钮，将鼠标指针移到直线的中心控制点上，按住鼠标左键不放，将其拖动到直线下端的顶点上。

（4）"窗口"——"变形"，在弹出的"变形"面板中，选择"旋转"选项，在"旋转角度"框中输入72度，单击面板右下角的"拷贝并应用变形"按钮4次，复制出另外4条直线，每条直线之间的夹角均为72度，如图3-5所示。

（5）单击"线条工具"按钮，将图形中的各个顶点用直线连接起来，单击"箭头工具"按钮，分别选中多余的线条，按 Delete 键删除。

（6）单击"颜料桶工具"填充五角星。

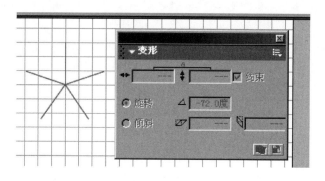

图 3 – 5

【案例 2】

绘制四角星

（1）"查看"——"网格"——"显示网格"，在舞台中显示网格线。

（2）单击"线条工具"按钮，在属性面板中设置"笔触颜色"为黑色，"笔触高度"为"1"，在舞台中绘制一些直线。用"线条工具"按钮将直线顶点用直线连接起来，如图 3 – 6 所示。

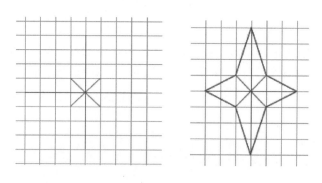

图 3 – 6

（3）单击"颜料桶工具"填充四角星。

（4）单击"箭头工具"，分别选中四角星内部的直线，按 Delete 删除。

制作技巧：

（1）绘制五角星，实际上是绘制一个正五边形。根据几何知识，正五边形相邻顶点与中心连线的夹角为 360/5 =72 度，同理，正六边形相邻顶点与中心连线的夹角为 360/6 =60 度。

概述绘制五角星的方法：先绘制一条竖直线条，利用"任意变形工具"，将直线的中心点移到下端顶点处，用来确定直线旋转的中心点；在"变形"面板上，设置旋转角度为 72 度，重复单击"拷贝并应用变形"按钮 4 次，将直线以复制的方式旋转 72 度 4 次，得到 5 条夹角为 72 度的直线，连接相应的顶点即可。

（2）在旋转图形时，若图形的中心点位置不同，则绘制出的图形也不会相同，例如，分别调整直线的中心点位置，再对直线以复制的方式进行相同度数的旋转，可绘制出一些特殊效果图案。

【案例3】

绘制坡度

绘制图形：

（1）选择"查看"——"网格"——"编辑网格"，在"网格"对话框中，选中"显示网格"、"对齐网格"，将网格水平间距和垂直间距都设为8px（像素）。

（2）单击绘图工具栏中的"线条工具"按钮，在属性面板中，选择"笔触高度"为2，将绘制线条的粗细设为2。

（3）将鼠标指针移到舞台上，当指针变为"＋"时，在舞台中绘制一条水平直线，在"属性"面板上，设置"笔触高度"为1，将绘制线条的粗细调整为1，在直线下绘制一些斜线作为地面，如图3-7所示。

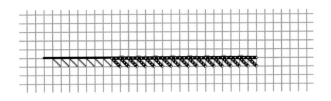

图3-7

（4）单击"箭头工具"，将鼠标指针移到图形上方，按住鼠标不放向右下角拖出一个矩形框，将图形的右半部分选中。

（5）选择"窗口"——"变形"，在"变形"面板中，选择"旋转"选项，在"旋转角度"中输入"-30"度，按回车键，将选中的图形向左旋转30度。

（6）单击"线条工具"按钮，在属性面板中，选择"笔触高度"为2，在图形右侧绘制两条直角边，并选中多余的线条，按Delete键删除。

（7）在坡面和地面的夹角处，用线条工具绘制一条竖直短线，单击"箭头工具"，指针移到这条短线上，当指针变为弧形时，按住鼠标，向右拖出一些距离，松开鼠标，此时，短线变成了一条弧线，如图3-8所示。

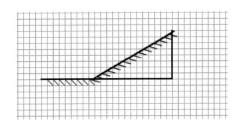

图3-8

（8）单击绘图工具栏中的"文本工具"按钮，在弧线右侧输入字母α（使用中文输入法中的"软键盘"输入）。

（9）单击"线条工具"按钮，在属性面板中，选择"笔触高度"为1，继续在图形右侧及下方绘制一些线段。

（10）在绘图工具栏中单击"查看"区中的"缩放工具"按钮，将鼠标指针移到坡面与地面夹角的下方单击，使其局部放大，便于绘制较小的图形。

（11）使用"线条工具"绘制箭头图形。

任务3.2 填充物的设置

3.2.1 任务描述

通过立体彩球和扑克牌的绘制，掌握图形的填充设置方法。单色填充、颜色渐变填充、位图填充、线条转换为填充是本任务的重点。

任务要点

◇ 单色填充设置
◇ 颜色渐变填充
◇ 位图填充
◇ 将线条转换成填充物

3.2.2 知识准备

（1）单色填充设置

1）用"颜色样本"面板设置填充物颜色。先选定"工具箱"中的颜色栏，在"颜色样本"中选定某颜色，再单击"颜料桶"工具，然后单击填充对象。

2）用"颜色"面板设置填充物颜色。"窗口"——"颜色"，调出颜色面板，单击"填充颜色"按钮，选中某颜色，再单击某对象。

在颜色面板中可以对填充对象设定其"透明度"。

对于矢量图形（如用绘图工具画的图形）要设置透明度，可以在"窗口"——"颜色"中来设置。

对于图片要设置其透明度（Alpha），可把图片导入到库中，再把其拖到舞台中，将其转换为元件，在"属性"面板中，"颜色"中选"透明度"，在"透明度"值中设定一个百分数值，数值越小，越透明。

（2）设置渐变填充色和填充位图

1）利用"颜色"面板，设置填充物颜色。要改变填充色的样式或自己设计填充色样式，可从"窗口"——"颜色"，调出颜色面板，从颜色面板的"填充类型"列表框中选择一个选项，如图3-9所示。

①"纯色"：表示单色。②"线性渐变"：表示颜色水平线性变化，如图3-10所示。

③"放射渐变"：表示颜色从中心向四周放射，形成立体感。④"位图"：表示填充的是一个图像。当选择"填充类型"列表框中的"位图"时，则会弹出一个"导入到库"的对话框，利用该对话框可以导入一幅或多幅图像（按 Ctrl 键，同时单击图像名称，可同时选择多个图像文件；按 Shift 键，同时单击图像名称，可同时选择连续的多个图像文件）。导入图像后，在"颜色"面板中，单击其中的一个图像，即可选中该图像为填充图像。

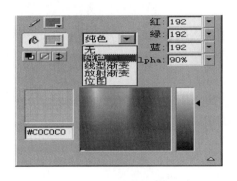

图 3-9　"填充类型"列表框

图 3-10　线性渐变填充面板

填充图像的调整：单击"工具箱"中填充转换工具图标按钮 ![icon]，再单击位图填充物。位图填充物中会出现 7 个控制柄，用鼠标拖拽这些控制柄，可以调整位图填充物的大小。

另外，单击"文件"——"导入"，可给"舞台"导入一幅图像，同时也给"库"面板和"颜色"面板导入相应的位图图像。单击"文件"——"导入库"，则可给"库"面板和"颜色"面板导入相应的位图图像。

2）设置渐变色效果。对于"线性渐变"和"放射渐变"填充方式，可自行设计颜色渐变效果，如图 3-11 所示。

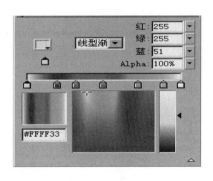

图 3-11

设计方法如下：①移动关键点：所谓关键点就是确定渐变时的起始和终止颜色的点，以及颜色的转折点。用鼠标拖拽颜色框下边的滑块 ![icon]，可以改变关键点的位置，改变颜色渐变的状况。②改变关键点的颜色：单击选中关键点处的滑块，再单击颜色图标按钮 ![icon]，选中某颜色，可改变关键点的颜色，另外，还可以在面板右边的文本框内设置颜色和透明度。③增加关键点的颜色：单击颜色框下边要加入关键点处，即可增加一个新的滑块，即可增加一个关键点。最多增加不超过 8 个关键点。④保存设计的渐变颜色效果：单击"颜色"面板右上角的箭头按钮 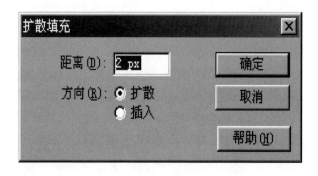，单击该选单中的"添加样本"选单，即可。

（3）将线转换成填充物和柔化边缘

1）将线转换成填充物。选中一个圆形线（或其他线条），单击"修改"——"形状"——"将线条转换为填充"选单命令。此时选中的圆形线就转换成填充物了。以后，可以使用颜料桶工具改变填充物的样式（例如：渐变色或位图等），可实现一些特殊效果。

2）扩充填充物大小。选择一个填充物，然后单击"修改"——"形状"——"扩散填充"选单命令，调出"扩散填充"对话框，如图 3 - 12 所示。①"距离"：输入扩充量，单位为像素。②"方向"：用来确定扩充的方向。"扩散"表示向外扩充，"插入"表示向内扩充。如果填充物有轮廓线，则向外扩展填充物时，轮廓线不会变大，会被扩展的部分覆盖掉。

图 3 - 12　"扩散填充"对话框

3）柔化边缘。选择一个填充物，然后单击"修改"——"形状"——"柔化填充边缘"选单命令，调出"柔化填充边缘"对话框，如图 3 - 13 所示。①"距离"：输入柔化量，即柔化的宽度，单位为像素。②"步骤数"：输入柔化边界的阶梯数，取值在 0 ~ 50 之间。③"方向"：用来确定柔化的方向。"扩散"表示向外柔化，"插入"表示向内柔化。

注意："距离"和"步骤数"输入的数值如果太大，会使计算机处理的时间太长，甚至会出现死机现象。

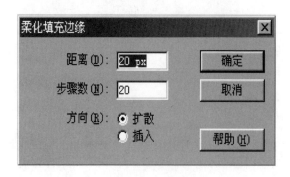

图 3 - 13　"柔化填充边缘"对话框

3.2.3 任务实现

【案例1】

立体彩球

效果描述：3个带阴影的立体彩球，光线从左上方照射过来，产生了台球左上方亮的效果，右下角产生倾斜的阴影。立体彩球的颜色分别为红色，绿色和蓝色。如图3-14所示。

图3-14

制作方法：

（1）"修改"——"影片"，设置背景为白色。

（2）"窗口"——"混色器"，在"填充风格"中选"放射渐变"，再设置渐变色为白色到红色。使用工具箱中的椭圆工具，按住Shift键，拖拽出一个红色正圆。

（3）使用工具箱中的颜料桶工具，再单击正圆内右上角处，使红色正圆变成红色立体球，再使用工具箱中的箭头工具选中立体球，按Ctrl+G键，或单击"修改"——"群组"，将红色立体球成组，形成一个组合图形。

（4）绘制红色立体球的阴影。绘制一个灰色的无边框椭圆，使用箭头工具选中灰色椭圆，再单击"修改"——"形状"——"柔化填充边缘"，在"柔化填充边缘"对话框中，两个文本框中均输入10，形成阴影图形。

选中阴影图形，按Ctrl+G键成组。使用工具箱中的"任意变形"工具 ⊞ ，单击阴影图形，再单击"选项"栏中的"比例"图标按钮，用鼠标拖拽阴影图形四周的控制柄，使阴影大小合适。再单击选项栏中的"旋转和倾斜"按钮，使阴影图形倾斜。

将阴影图形成组，再将阴影图形移到红色立体球的下边。

如果阴影图形在红色小球之上，可单击"修改"——"排列"——"移到底层"。

（5）按照上述方法，再绘制一个带阴影的蓝色立体球和一个带阴影的绿色立体球。

【案例2】

红色方片和黑桃

1. 红色方片图形的绘制过程（图3-15）

（1）"查看"——"网格"——"编辑网格"，设置网格的水平和垂直间距均为10px，选中"显示网格"和"对齐网格"复选框，选"确定"。

（2）设置线的颜色为红色、线粗为 2 个点；设置填充色为红色。使用工具箱内的钢笔工具或线条工具，在舞台工作区内依次单击要绘制的菱形的各个顶点处，最后回到起点处，双击鼠标左键，即可绘制出一个红色的菱形图形。

（3）使用箭头工具，在没有选中菱形图形的情况下，用鼠标向内拖拽菱形各边的中点。使用箭头工具按钮，用鼠标拖拽出一个矩形，将方片图形选中，按 Ctrl + G 键成组。

图 3 - 15

2. 黑桃图形的绘制过程

（1）使用钢笔工具或线条工具，设置线的颜色为黑色、线粗为 2 个点。

（2）单击舞台工作区内一个网格点处，舞台工作区内会出现一个蓝色小圈。然后在这个小圆点右边第 8 个网格处，单击鼠标左键，则会又出现一个小圆点，而且，会自动将两个小圆点连成一条直线。然后，再单击要绘制的三角形的上边顶点，最后双击起始点处，即可绘制出一个三角形。

（3）在三角形的三个边的相应处，绘制三条直线，目的是为了分段调整三角形三个边的形状。

（4）使用箭头工具，在没有选中三角形图形的情况下，用鼠标拖拽相应的线条，使三角形的形状变为桃形图形。

（5）使用箭头工具，选中各个多余的线条，再按删除键，删除多余的线条，获得桃形图形。

（6）设置填充色为黑色，使用颜料桶工具，给图形填充为黑色。选中图形，按 Ctrl + G 键，使图形成组。

（7）使用工具箱中的"线条工具"，绘制一个三角形，然后，选定它，按 Ctrl + G 键使三角形成组。再将三角形移到黑桃图形之下，然后，将黑桃图形和三角形都选中，按 Ctrl + G 键使他们成组。

任务3.3 思考与实践

1. 选择题

（1）下列对于 Flash 中"铅笔工具"作用描述正确的是（   ）。

    A. 用于自由圈选对象   B. 自由地创建和编辑适量图形

    C. 绘制各种椭圆图形   D. 用于不规则形状任意圈选对象

（2）矢量图形和位图图形相比，哪一项是矢量图形的优点（　　）。

  A. 变形、放缩不影响图形显示质量 B. 色彩丰富

  C. 图像所占空间大   D. 缩小不影响图形显示质量

（3）具有独立的分辨率，放大后不会造成边缘粗糙的图形是（　　）。

  A. 矢量图形   B. 位图图形

  C. 点阵图形   D. 以上都不是

（4）在使用"矩形"工具时，希望画出的矩形为正方形，可以在绘制的同时按住（　　）。

  A. "Ctrl"键 B. "Shift"键   C. "Alt"键 D. "Tab"键

（5）使用直线工具绘制直线时，按住（　　）键，可画出水平方向、垂直方向、45度角或135度角方向的特殊角直线。

  A. "Shift"键 B. "Ctrl"键   C. "Alt"键 D. "Esc"键

2. 绘制灯笼

3. 绘制卡通小鸡

项目4 文本应用

项目简介

　　文本是制作动画中的一个重要元素。本项目通过静态文本的应用；动态文本的应用；输入文本的应用；图像文字的制作等几个任务，掌握文本在 Flash 中的使用方法，实现动态显示的文字和交互功能的文字

学习目标

　　◇ 熟练掌握文本属性的设置
　　◇ 熟练掌握文本的编辑
　　◇ 熟练掌握静态文本的添加方法
　　◇ 熟练掌握动态文本的添加方法
　　◇ 熟练掌握输入文本的添加方法
　　◇ 掌握图像文字的制作方法

项目分解

　　任务 4.1　静态文本的应用
　　任务 4.2　动态文本的应用
　　任务 4.3　输入文本的应用
　　任务 4.4　图像文字的制作
　　任务 4.5　思考与实践

任务4.1 静态文本的应用

4.1.1　任务描述

　　本任务的内容是了解文本的三种类型，掌握文本属性的设置方法；文本的编辑方法；静态文本的添加，通过案例掌握静态文本的应用。

任务要点

◇ 了解文本的三种类型

◇ 掌握文本属性的设置方法

◇ 掌握文本的编辑方法

◇ 掌握静态文本的应用

4.1.2 知识准备

在 Flash 作品中，文字主要用于制作各种标题、说明等，也可以在作品中实现动态显示的文字和交互功能的文字。我们也可以将其他软件（如 Word、Wps、Cool3D）制作的艺术字直接导入到 Flash 中使用。

（1）Flash 文本的类型

Flash 文本可分为三类：静态文本、动态文本和输入文本。

通常的文本状态是静态文本。当 Flash 影片播放时，动态文本和输入文本的内容可通过事件（如：鼠标单击对象、播放到某一帧等）的激发来改变。

动态文本和输入文本还可以作为实例，用脚本程序来改变它的属性等。

输入文本是在影片播放时，供用户输入文本，以产生交互。

动态文本中的内容可随着程序的运行而发生变化。

静态文本在制作过程中创建，作品播放时不能改变，主要用于制作不变的文字。

动态文本则可以制作需要随时更新的文字，如动态显示时间、试题测试结果等。

输入文本，主要用于实现各种交互功能，如输入密码，或输入变量的值等。

（2）文本属性的设置

文本属性包括文字的字体、字号、颜色和风格等。设置文本的属性可以通过菜单命令或面板选项的调整来完成，文本的颜色由填充色决定。

1）利用菜单命令设置文本属性。单击"文本"菜单选项，选单中的各选单命令如下。①字体：单击它，选择某种字体。②大小：单击它，选择某种字号。③样式：单击它，选择某种文字的样式，文字的风格有"正常""粗体""斜体""下标""上标"。④对齐：单击它，选择一种文字的对齐方式。⑤字符间距：单击它，选择一种调整字间距的方式。它有三个选项：增大字间距、减小字间距、重置字间距。⑥可滚动：它只有在动态文本和输入文本状态下才有效。单击选中该选单选项后，文字框右下角的控制柄由白色变为黑色，用鼠标拖拽它可以调整文字框的大小。文字框不会因为输入文字的增加而自动增大。

2）利用属性面板设置文本属性。单击文本工具按钮 **T**，在屏幕下端出现文本属性面板，在文本属性面板中选择文本类型，然后在属性面板中设置。如果不出现属性面板，可单击菜单"窗口"，选择"属性"即可，如图 4-1，图 4-2 所示。

图 4 - 1　静态文本属性面板

图 4 - 2　动态文本属性面板

（3）静态文本的输入

完成文字属性的设置后，再单击舞台工作区，出现一个矩形框，矩形框右上角有一个小圆控制柄，表示它是延伸文本，同时光标出现在矩形框内。此时，可输入文字。随着文字的输入，矩形框自然向右延伸，如图 4 - 3 所示：

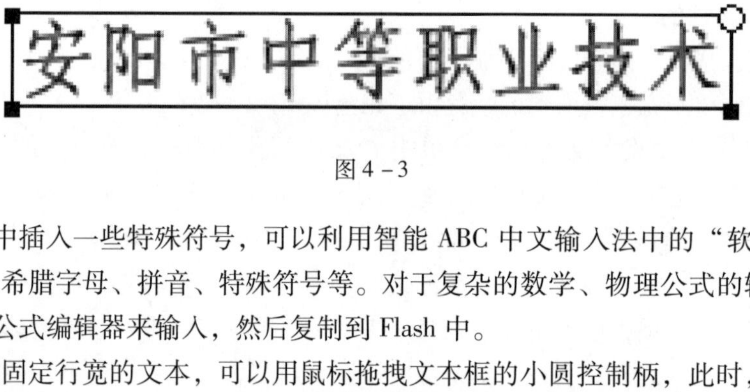

安阳市中等职业技术

图 4 - 3

在 Flash 中插入一些特殊符号，可以利用智能 ABC 中文输入法中的"软键盘"，可输入数学符号、希腊字母、拼音、特殊符号等。对于复杂的数学、物理公式的输入，可以利用 Word 中的公式编辑器来输入，然后复制到 Flash 中。

如果创建固定行宽的文本，可以用鼠标拖拽文本框的小圆控制柄，此时，文本框的小圆控制柄变为方形控制柄，表示文本为固定行宽文本。双击方形控制柄，可将固定行宽的文本变为延伸文本，如图 4 - 4 所示。

安阳市中等职业技术
学校创建国家示范校

图 4 - 4

(4) 文本的编辑

在文本编辑操作中，包括对文本框及文本框中文字的编辑。对文字的编辑类似于 Word 中文字的编辑方法。对文本框的编辑主要有选择、复制、移动、删除等。

1) 选择文本

单击绘图工具栏中的"文本工具"按钮 $\boxed{\text{T}}$ ，鼠标指针移到文字上，按下并拖动鼠标将文字选中，选中的文字呈反相显示。

需要选择较长的一段文字，可以将鼠标移到文字的起始处单击，按住 Shift 键不松手，将鼠标指针移到结束文字处单击，则将这一段文字全部选中，如图 4-5 所示。

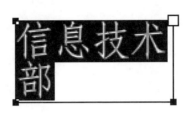

图 4-5

2) 选择文本框

单击绘图工具栏中的"箭头工具"按钮 $\boxed{\text{▶}}$ ，单击要选择的文本框，选中的文本框呈蓝色边框；按住 Shift 键不松手，分别单击多个文本框，可以将这些文本框同时选中，如图 4-6 所示。

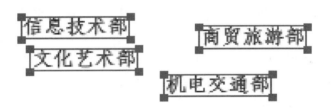

图 4-6　同时选中多个文本框

3) 移动文本框

鼠标指针移动到文本框上，按住鼠标左键不放，将其拖动到所需位置上，松开鼠标即可，如图 4-7 所示。

图 4-7

4) 复制文本框

如果需要制作多个相同属性（文字字体、大小、颜色文本类型等）的文本框，就可以通过复制文本框，再将文本框中的文字进行修改即可。

例如把"信息技术部"制作好后，希望制作相同属性的"机电交通部"、"文化艺术部"、"商贸旅游部"。方法如下：①选定要复制的"信息技术部"文本框，右击，选"复制"，将其复制到剪贴板上。②在舞台的空白处，单击右键，在快捷菜单中，选择"粘贴"，则可将复制的文本框粘贴到舞台中；如果按 Ctrl + Shift + V 组合键，则可将文本框粘贴到原来的位置上。③移动复制过的文本框，移动到所需位置。④双击文本框，选定框中的文字，按 Delete 键删除，再输入所需文字如"机电交通部"。其他两个文本框的复制，以此类推，效果如图 4 - 8 所示。

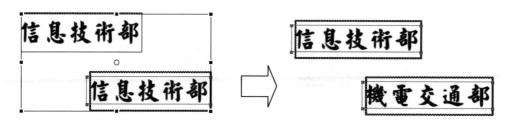

图 4 - 8

5）删除文本框

选中要删除的文本框，按 Delete 键，即可删除。

（5）文本的分离

对文本框，可以执行两次分离的操作，第一次分离，是将文本框中的每一个文字变成相对独立的对象；可以对不同的文字设置不同的属性（如大小、颜色、旋转等），还可以制作不同的动画效果（如文字的逐一显示），此时，这些文字仍然可以编辑；第二次分离文字，可以将文字转换成图形对象，可以制作特效文字，还可以实现文字的变形动画。

方法是：按两次 Ctrl + B 组合键。或者选择菜单"修改"，在下拉菜单中，选择"分离"命令。第一次按 Ctrl + B 组合键，是将文本分成单个的文字；第二次按 Ctrl + B 组合键，是把文字打散，转换成了图形对象。

（6）将文字分散到图层

将同一个图层中若干个文字，分配到多个图层中，实现一个文字占用一个图层。它便于为每个文字制作不同的动画效果，避免在每个图层中分别输入文字的繁琐。

方法是：单击选中文本框，按 Ctrl + B 组合键，把文本框打散，分离成单个文字；保持对这些文字的选中状态，单击菜单"修改"，从下拉菜单中选"时间轴"，再选择"分散到图层"。

4.1.3 任务实现

【案例1】

将"安阳市中等职业技术学校"的文字分离

（1）单击绘图工具栏中的"文本工具"按钮 **T**，属性面板中，文字类型选"静态文本"，在属性面板上设置文字的字体为"经典隶变简"，文字大小为"50"，颜色为"黑色"。在舞台中输入文字"安阳市中等职业技术学校"，如图4－9所示。

图4－9

（2）选中文本框，选择"修改"——"分离"，或者按组合键Ctrl＋B，文本框中的每个字变成独立的字，分别放在不同的文本框中，此时，这些文字仍旧可以编辑和修改属性，如图4－10所示。

图4－10

（3）按住Shift键的同时，依次单击分离后的文本框，将它们全部选中，继续按组合键Ctrl＋B，就将文字转换为图形对象。选中该图形对象时，会显示出很多白色的小点，如图4－11所示。

安阳市中等职业技术学校

图4－11

【案例2】

将"信息技术部"分散到不同的图层

（1）用绘图工具栏的"文本工具"按钮 **T**，属性面板中文字类型选"静态文本"，在属性面板上设置文字的字体为"华文新魏"，文字大小为"50"，颜色为"黑色"。在舞台中输入文字"信息技术部"，如图4－12所示。

（2）选中该文本框，按组合键Ctrl＋B，将文字分离成独立的5个字，如图4－13所示。

图 4 – 12

图 4 – 13

（3）保持这些文字的选中状态，单击菜单"修改"，从下拉菜单中选"时间轴"，再选择"分散到图层"，如图 4 – 14 所示。

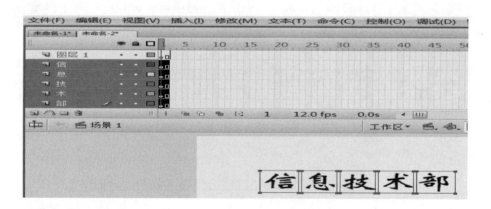

图 4 – 14

【案例 3】

静态文本制作诗词欣赏——《渔歌子》

案例效果如下：

诗词欣赏——《渔歌子》，如图 4 – 15 所示。

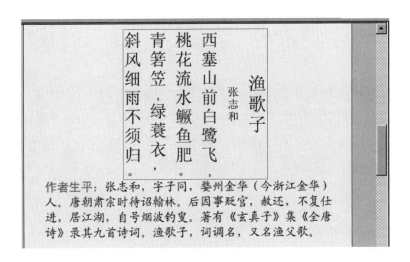

图 4-15 　《渔歌子》

制作方法

（1）设置文件属性：①"文件"——"新建"，新建一个空白文件。②单击"属性面板"，设置作品大小宽为 800，高为 600，背景色为浅黄色。

（2）输入文字：①单击绘图工具箱中的"文本工具"按钮，在舞台中单击，出现一个文本框（默认状态为横排，可扩展列宽的文本框）。②在"属性面板"中，设置字体为"华文隶书"，文字大小为 30，输入标题文字"渔歌子"，按回车键换行。用同样方法，设置字体为"宋体"，大小为 18，输入作者"张志和"，换行。设置字体为"华文隶书"，文字大小为 28，输入这首诗的正文。③单击"属性"面板上的"改变文字方向"按钮，在弹出的菜单中，选择"垂直，从右向左"，此时，文字的方向由横排变成了从右往左的竖排。④按 Ctrl + A 组合键，选中全部文字；单击"属性面板"上的"格式"按钮，弹出"格式选项"对话框，设置"列间距"为 15 磅，单击"完成"。⑤继续在"属性"面板上的"字符间距"框中输入 5，调整文字间距为 5 磅。⑥保持"文本工具"按钮的选中状态，在这首词的下方重新创建一个新的文本框，用鼠标向右拖动文本框右上角的圆形控制点，调整文本框为固定的列宽。⑦在该文本框中输入作者生平的叙述文字，完成后选中文字"作者生平："，设置字体为"黑体"，大小为 18，设置文字的颜色为红色，其他文字为"楷体"，黑色，大小为 18。⑧单击绘图工具栏上的"箭头工具"按钮，将鼠标移到第 1 个文本框上单击，选中该文本框，拖动文本框到舞台的中上部；第 2 个文本框移到第 1 个文本框的正下方。

制作技巧：制作动画时，经常需要改变舞台的显示比例，以满足制作的需要。如要调整对象在舞台中的相对位置，则需要减小显示比例；如果要对象中的某部位进行较细致的修改，则需要放大显示比例，可放大为 200% 等。

任务4.2 动态文本的应用

4.2.1 任务描述

在动画的运行过程中，有时需要显示不断变化的文字内容，例如显示日期和时间。本任务就是讲解添加动态文本的方法，熟练掌握动态文本在 Flash 动画中的应用。

任务要点

◇ 掌握动态文本的添加方法
◇ 理解动态文本与变量的关系
◇ 掌握动态文本的应用案例

4.2.2 知识准备

（1）了解动态文本

动态文本，即在动画的运行过程中，不断显示变化的内容，如显示日期和时间，显示实验数据统计的结果。还可以根据鼠标指针的位置，动态显示相关的内容等，熟练掌握运用此功能，可以让动画作品更加灵活。

动态文本的属性面板如图4-16所示。

图4-16 动态文本的属性面板

1）实例名称：给文本字段实例命名，以便于在动作脚本中引用该实例。

2）多行显示模式：当文本框的文本多于一行时，可使用单行、多行和多行不换行的方式进行显示。

3）在文本周围显示边框按钮：显示文本框的边框和背景。

4）变量名称：动态文本的变量名称。

（2）动态文本与变量

在 Flash 中，变量是用来存储信息的容器，变量的值就是容器中所存储的信息，并且该容器中的信息是随时可以改变的。

动态文本实际上是在舞台中显示一个变量的值，在播放过程中，该变量的值发生改变，则舞台上相应的文本也会随之改变，从而实现动态文本效果。

例如：选择"文本工具" ，展开其属性面板，设置文本类型为"动态文本"、仿宋 GB2312、黑色、11 号、可读性消除锯齿，单击"在文本周围显示边框"按钮，在舞台中拖出一个白色带黑边框的矩形动态文本框，然后在变量框中输入"h"，如图 4 – 17 所示。

图 4 – 17

4.2.3　任务实现

【案例】

数字时钟

该案例是动态显示当前时间的动画。

制作方法：

1．添加动态文本

（1）新建一个空白文件，选择"绘图"工具栏上的"文本工具"按钮 **T**，在舞台中输入文字"现在时间"，在"属性"面板中，设置"文本类型"为"静态文本"，字体为"黑体"，文字大小为 30。

（2）保持"文本工具"按钮的选中状态，在文字"现在时间"的右侧单击，新建一个文本框，用于显示小时数；在"属性"面板中，设置"文本类型"为"动态文本"，字体为 Arial，大小为 30，文字颜色为蓝色，在"变量"框中输入 H，拖动文本框右下角的控制柄，使文字框的宽度能够显示两个字符。

（3）单击"属性"面板上的"字体呈现方法"，选择"可读性消除锯齿"，使文字在输出时进行光滑处理（即消除文字边缘的锯齿），增强文字显示的美观。

（4）在动态文本框的右侧，继续新建一个文本框，输入文本"："；在"属性"面板中，设置"文本类型"为"静态文本"。

（5）在字符"："的右侧，继续新建一个文本框，用于显示分钟数；属性设置为"动态文本"，在变量中输入 M；拖动文本框右下角的控制柄，使文字框的宽度能显示两个字。

（6）单击工具箱中的"箭头工具"按钮，依次选取各个文本框，调整它们的位置。

2．添加动作语句

（1）双击"图层 1"的名称，改名为"数字时钟"。

（2）右击第一帧，选"动作"，在专家模式下，输入：

NOW = New Date（　）；　　　 // 创建一个日期对象；

H = NOW. Gethours（　）；　　// 获取系统时间的小时数，赋给变量 H；

M = NOW. Getminutes（　）；　// 获取系统时间的分钟数，赋给变量 M。

（3）单击第 2 帧，按 F5 键将该图层的帧延长到第 2 帧，如图 4 - 18 所示。

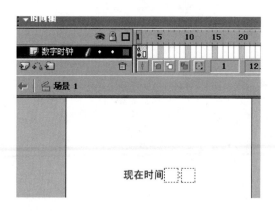

图 4 - 18

制作技巧：在第 2 帧，必须插入一个普通帧，即将帧延伸到第 2 帧，否则，时钟将不会动态显示。另外根据 Flash 文件的循环播放特点，播放完第 2 帧就立即回到第 1 帧继续播放，即重新获取小时数和分钟数，同时，动画画面上的时间也随之刷新显示。

任务4.3 输入文本的应用

4.3.1　任务描述

本任务就是通过一个在动画运行的过程中需输入一些文本，对输入的内容进行判断，实现人机交互功能的应用案例，讲解输入文本在动画制作中的应用。

任务要点

◇ 掌握输入文本的添加方法
◇ 掌握输入文本在动画制作中的应用

4.3.2　知识准备

（1）了解输入文本

在 Flash 动画播放中，用户输入文本，计算机根据输入的内容来进行相应的处理，实现人机交互功能，还可以根据输入的数据，显示出直观的图形、图像；或用于测试题的评分等，还可制作密码输入框，用于用户身份的确定。

建立输入文本与静态文本和动态文本相同，但"属性"面板上的内容稍有不同，如增加了一个最大字符输入框，用于限制该文本框中输入字符的长度。

输入文本的属性面板如图4-19所示。

图4-19　输入文本的属性面板

（2）输入文本框的添加

输入文本框的添加与动态文本框的添加相同。

选择"文本工具"按钮 **T** ，展开其属性面板，设置文本类型为"输入文本"、宋体、黑色、22号、单行、可读性消除锯齿，单击"在文本周围显示边框"按钮，在变量框中输入变量，然后在舞台上鼠标拖出一个白色带黑边框的矩形输入文本框。

4.3.3　任务实现

【案例】

默写英文单词

在画面上的文本框中输入4个单词，完成后单击"交卷"按钮，在"答对题数："右侧显示答对的题数，如图4-20所示。

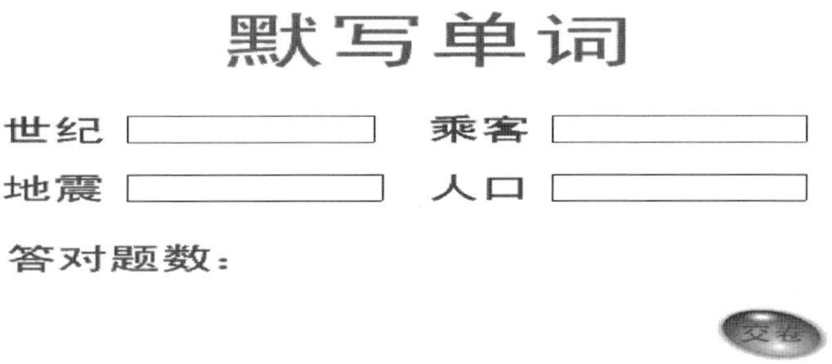

默写单词

世纪 [＿＿＿＿]　　乘客 [＿＿＿＿]

地震 [＿＿＿＿]　　人口 [＿＿＿＿]

答对题数：

交卷

图4-20

制作方法如下：

1. 制作作品界面

（1）新建一个空白文件，选择"绘图"工具栏上的"文本工具"按钮，在舞台中建立一个文本框，输入"默写单词"；在"属性"面板上，设置"文本类型"为"静态文本"，字体为"黑体"，大小为60，颜色为红色。

（2）在标题文字的下方继续输入文字"世纪"，属性为"静态文本"，字体为"黑体"，大小为30，颜色为蓝色。

（3）在"世纪"的右侧建立一个新文本框，设置"文本类型"为"输入文本"，字体为Times New Roman，大小为20，颜色为绿色；单击"在文本周围显示边框"按钮；在"变量"框中输入a（表示在该文本框中输入的内容，将保存在变量a中）。

（4）同步骤2~3，依次输入文字"乘客"、"地震"、"人口"，及相应的单词输入文本框，分别设置这些输入文本框所对应的变量为b，c，d。

（5）在舞台左下方，输入文字"答对题数:"，类型为"静态文本"，"黑体"，大小为30，在该文字的右侧，重新建立一个文本框，类型为"动态文本"，大小为30，在"变量"框中输入n，用于显示答对的题数。

（6）"窗口"——"公用库"——"按钮"，从中拖出一个按钮到舞台中，选择"绘图"工具栏上的"文本工具"按钮，在按钮上添加文字"交卷"，在属性面板中设置文本类型为"静态文本"，黑体，30。选中按钮上的文字，选择"修改"——"排列"——"锁定"，将其锁定，此时文字"交卷"将不能被选中，也无法对其进行修改，可以有效防止误操作。

2. 添加动作语句

在按钮上右击，选"动作"，在专家模式下，输入语句：

```
on（release）{
    n = 0；
    if（a = = " century"）        {n = n + 1；}
    if（b = = " passenger"）      {n = n + 1；}
    if（c = = " earthquake"）     {n = n + 1；}
    if（d = = " population"）     {n = n + 1；}
}
```

任务4.4　图像文字的制作

4.4.1　任务描述

本任务利用简单的知识制作最常用的集中图像文字效果。

任务要点

◇ 掌握空心字的制作方法
◇ 掌握图像文字的制作方法
◇ 掌握立体字的制作方法

4.4.2　知识准备

根据前面已有的知识，结合案例详细讲解。

4.4.3 任务实现

【案例1】

空心字的制作

（1）新建一个大小为 300 像素 ×200 像素、背景颜色为白色、帧频为 12fps、名称为"空心字"的 Flash 文档。

（2）单击工具箱中的文本工具按钮 T，在属性面板中设定字体为"楷体"、颜色为黑色、大小为 75，如图 4-21 所示。

图 4-21

（3）在场景中输入"空心字"文本。

（4）选中"空心字"，连续按两次 Ctrl+B 键，将文本分离，效果如图 4-22 所示。

图 4-22

（5）单击工具箱中的 按钮，选择墨水瓶工具，在"属性"面板中对墨水瓶工具进行设置笔触颜色为"蓝"色，笔触样式为"实线"，笔触大小为"1"，如图 4-23 所示。

图 4-23

（6）在场景中对文字进行描边，达到如下效果。

（7）单击工具箱中的箭头工具（选择工具），单击空心字的填充部分，按 Delete 键删除，可达到效果，如图 4-24 所示。

（8）按 Ctrl+S 组合键保存该动画。

图 4 – 24

【案例 2】

图像文字的制作

效果描述："图像文字"的图形，是指一幅风景图像填充到文字的内部，文字轮廓线是红色。注意，它是将一整幅图像填充整个 4 个文字，如图 4 – 25 所示。

图 4 – 25

（1）"文件"——"导入"——"导入到舞台"命令，导入一幅风景图像，单击任意变形工具，单击导入的图像，用鼠标拖拽图像的控制柄将图像调大。并按 Ctrl + B 组合键，将图形打散，然后将该图层锁定。

（2）在"图层 1"之上添加一个新图层"图层 2"，单击"图层 2"的第 1 帧。

（3）输入黑体、字号为 80，颜色为黄色的"图像文字"，按 Ctrl + B 组合键，将文字打散，打散后，如果文字产生连笔或缺笔现象，就需要进行修补。修补时，可以放大显示比例，用线条工具组合一个封闭图形，把封闭图形的内部单击选定，按 Delete 键删除。

（4）使用工具箱中的箭头工具，选中所有文字。再单击"修改"——"形状"——"扩展填充"命令，在"扩展填充"对话框中，向外扩充 6 个像素点。

（5）单击舞台的空白处，不选中文字。使用工具箱中的墨水瓶工具，颜色选红色，线粗为 4 个点，再单击文字笔画的边缘，可以看到文字边缘增加了红色的轮廓线。

（6）使用箭头工具，按住 Shift 键，同时单击各文字内部的填充物，全部选中它们，再按删除键，将它们删除，只剩下文字的轮廓线。

（7）鼠标拖拽选中所有文字，右击选"复制"，将文字复制到剪贴板上，然后删除"图层 2"图层。

（8）解除对图层 1 的锁定，在舞台上右击，选"粘贴"，将剪贴板上的文字粘贴到"图层 1"图层的第 1 帧上。

（9）使用箭头工具，按住 Shift 键，同时单击文字外部的图像，将它们删除，只剩下文字的轮廓线和文字内的图像。

【案例3】

立体字的制作

（1）新建一大小为300像素×200像素、背景色为白色、帧频为12fps、名称为"立体字"的文档。

（2）单击工具箱中的文本工具按钮 T，在属性面板中设置字体为黑体、颜色为黑色、大小为96号的静态文本。属性面板设置如图4-26所示。

图4-26

（3）在舞台中输入"LT"文本，如图4-27所示。

（4）使用前面所讲制作空心字的方法制作该文本的空心字，如图4-28所示。

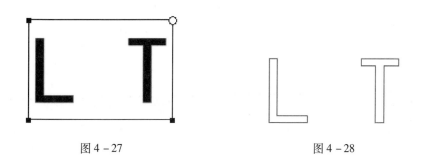

图4-27   图4-28

（5）将空心字复制一个，复制后成如下形状。如图4-29所示。

（6）在工具箱中选择"线条工具"，在"属性面板"中设置笔触颜色为黑色，笔触大小为1的实线，将复制得到的部分连接起来，如图4-30所示。

图4-29   图4-30

（7）使用箭头（选择）工具，将字体中多余的线条删除，得到效果如图4-31所示。

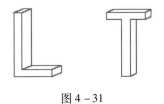

图 4 - 31

（8）按"Ctrl + S"组合键保存该动画。

任务4.5 思考与实践

1. Flash 中的三类文本是指哪三类文本？
2. 静态文本与动态文本的属性面板设置有什么区别？
3. 动态文本与输入文本的属性面板有什么区别？
4. 要用 Flash 制作如下的动画作品：

显示屏

请输入：　□

显示为：　□

（1）"显示屏""请输入""显示为"要设置成什么类型的文本来制作？
（2）"请输入"后的文本框需要设置成什么类型的文本来制作？
（3）"显示为"后的文本框需要设置成什么类型的文本来制作？
（4）本例中的两个文本框设置属性面板时的两个变量是不是要设置成一样的？
（5）用 Flash 制作本案例动画。
5. 制作一个空心字。
6. 制作一个图像文字。
7. 制作一个立体文字。

项目5 对象的编辑

项目简介

本项目主要是对 Flash 中的对象进行编辑，包括：对象的复制、删除、移动、改变大小、改变形状、改变颜色和透明度、改变前后位置等。本项目会穿插介绍一些常用工具的用法。

学习目标

◇ 熟练掌握对象的复制、删除、移动的方法
◇ 熟练掌握对象的改变大小、改变形状、改变前后位置的操作方法
◇ 熟练掌握对象的颜色改变和透明度的设置方法
◇ 熟练掌握线及填充物的属性修改方法

项目分解

任务 5.1　对象的复制、移动、删除、改变大小、改变颜色等编辑。
任务 5.2　线及填充物的属性修改。
任务 5.3　思考与实践

任务5.1 对象的复制、移动、删除、改变大小、改变颜色等编辑

5.1.1　任务描述

本任务的内容是掌握对象的常用编辑方法，包括对象的复制、删除、移动、改变大小、改变形状、改变颜色和透明度、改变前后位置等。

任务要点

◇ 了解图像的导入方法
◇ 熟练掌握对象的复制、删除、移动的方法
◇ 熟练掌握对象的改变大小、改变形状、改变前后位置的操作方法
◇ 熟练掌握对象的颜色改变和透明度的设置方法

5.1.2 知识准备

舞台中的对象包括：绘制的矢量图形、输入的文本、导入的图像和声音、打碎的文字和图像，以及将库中的符号拖拽到舞台中形成的实例等。

编辑对象包括：对象的复制、删除、移动、改变大小、改变形状、改变颜色和透明度、改变前后位置等。

(1) 导入图像

可以导入的图像文件类型有：矢量图形、位图图像、. BMP 文件、. SWF 文件、GIF 文件、JPEG 文件。

导入图像的方法

1) 利用"导入"对话框导入外部素材：操作方法如下。

"文件"——"导入"，调出导入对话框。如果选择的图像文件名是以数字序号结尾的，则会弹出对话框，询问是否将同一个文件夹中的一系列文件全部导入。单击"否"，则只将选定的文件导入，否则，将多个文件全部导入到库面板中和舞台中。

2) 使用剪贴板导入外部素材：通过剪贴板来粘贴图形、图像、文字等。

3) 只将图像导入到"库"面板中："文件"——"导入库"。

如果导入的图片有白色背景，想去掉图片的白色背景，选中图片，按 Ctrl + B 组合键分离，在舞台空白处单击，取消对图片的选中状态，单击"套索工具"，在下方的"选项"区中，单击"魔术棒属性"按钮，设"阈值为5"，在"平滑"下拉列表中选"像素"，单击魔术棒按钮，将鼠标移到图片上的空白区域单击，然后按 Delete 键。用相同的方法，将图片周围的空白区域全部删除。

(2) 选取对象

1) 使用箭头工具选取对象。单击箭头工具，再单击对象，即选定了该对象。选取多个对象，则按住 Shift 键，再单击各个对象。

2) 使用套索工具选取对象。使用套索工具，可以在舞台中选取不规则区域和多个对象。

(3) 移动对象

1) 用箭头工具，选中一个或多个对象，鼠标放到对象上拖拽，即可移动该对象。

2) 微调：选中某对象，按住光标移动键，可微调选中对象的位置。

(4) 复制对象

1) 按住 Alt 键或 Ctrl 键，拖拽选中对象，可复制选中的对象。

2) 也可单击"窗口"——"变形"，调出变形面板，在面板中，单击"复制并应用"按钮。利用"复制"和"粘贴"功能也可复制对象。

(5) 删除对象

1) 选定对象，按 Delete 键。

2) 橡皮擦工具可擦除对象。

(6) 多个对象的编辑

1) 群组：选定多个对象后，再按 Ctrl + G 组合键。

2) 多个对象的层次：同一图层中不同对象互相叠放时，存在前后次序。单击"修改"——"排列"可调整前后次序。

（7）改变对象的大小与形状

利用工具箱中的工具改变对象的大小与形状。

1）任意改变对象的大小与形状。①使用工具箱中的"箭头"工具，单击对象外的舞台工作区，不选中要改变形状与大小的对象。②将鼠标指针移到线或轮廓线（不要移到填充物）处，会发现鼠标指针右下角出现一个小弧线（指向线边处时）或小直角线（指向线端或折点处时）。此时，用鼠标拖拽线，即可看到被拖拽的线发生了变化。当松开鼠标左键时，图形发生了大小与形状的变化。

2）缩放对象。①使用工具箱中的任意变形工具 ▥ ，用鼠标选中对象。此时，对象四周出现一个黑色矩形和8个控制柄；工具箱的"选项"栏内会出现4个按钮，如图5-1所示，此时，可自由地调整对象的大小、旋转角度和倾斜角度等。②单击"选项"栏内的"比例"图标按钮 ▣ 。用鼠标拖拽4个角上的控制柄，可按照对象的原比例改变对象的大小，不改变它的形状。用鼠标拖拽4个边上的控制柄，可沿一个方向缩放对象。

3）旋转对象。①单击工具箱中的任意变形工具图标按钮，用鼠标拖拽选中对象。②单击"选项"栏内的"旋转与倾斜"图标按钮。用鼠标拖拽4个角上的控制柄，可以旋转对象。用鼠标拖拽4个边上的控制柄，可沿一个方向使对象倾斜。

如果要改变对象的旋转中心，可以用鼠标拖拽移动对象中的圆形标记 ▨ 。

4）变形对象。①单击工具箱中的自由转换工具图标按钮，用鼠标拖拽选中对象。②单击"选项"栏内的"变形"图标按钮。用鼠标拖拽控制柄，可使对象变形。

5）封套对象。①单击工具箱中的自由转换工具图标按钮，用鼠标拖拽选中对象。②单击"选项"栏内的"封套"图标按钮，此时，对象周围会出现多个控制柄，用鼠标拖拽控制柄，可以使对象呈封套状变形，如图5-2所示。

图5-1

图5-2　封套对象

6）切割对象。可以切割的对象有矢量图形、打碎的位图和文字，不包括群组对象。切割对象通常可以采用下述两种方法。①单击"箭头"工具，再在舞台工作区内拖拽鼠标，选中图形的一部分。用鼠标拖拽图形中选中的部分，即可将选中的部分分离，如图5-3所示。②在要切割的对象上边再绘制一个图形（可以是一条细线），然后单击"箭头"工具，再用鼠标拖拽移开分割的图形。

7）利用选单命令改变对象的大小与形状。利用工具箱中的箭头工具，选中对象，再

图 5-3

单击"修改"——"变形"，弹出子菜单，可将选中的对象进行旋转、缩放、变形和封套等。子菜单如图 5-4 所示。

8）精确调整对象。①利用"变形"面板调整对象的缩放比例、旋转和倾斜。"窗口"——"变形"，如图 5-5 所示。②利用"信息"面板调整对象的位置和大小。"窗口"——"信息"，如图 5-6 所示。③利用"属性"面板调整对象的位置和大小，如图 5-7 所示。

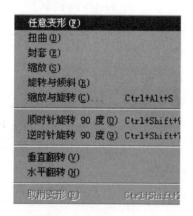

图 5-4

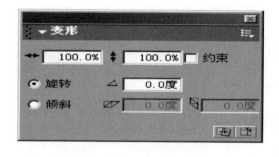

图 5-5　"变形"面板

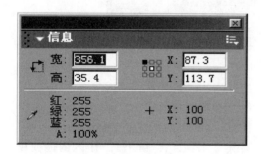

图 5-6　"信息"面板

图 5-7　"属性"面板

5.1.3 任务实现

【案例】

任意改变图像的大小与形状

（1）"文件"——"导入"，导入一幅图像。按 Ctrl + B 组合键来转换为矢量图。

（2）将鼠标指针移到线或轮廓线（不要移到填充物）处，会发现鼠标指针右下角出现一个小弧线（指向线边处时）或小直角线（指向线端或折点处时）。此时，用鼠标拖拽线，即可看到被拖拽的线发生了变化。当松开鼠标左键时，图形发生了大小与形状的变化。

效果如图 5 – 8 所示。

图 5 – 8

任务5.2 线及填充物的属性修改

5.2.1 任务描述

本任务的目标是利用绘图工具栏中的工具修改线及填充物的颜色、填充样式。通过案例掌握这些工具的用法。

任务要点

◇ 掌握墨水瓶工具的使用方法

◇ 掌握颜料桶工具的使用方法

◇ 掌握渐变填充样式的调整方法

◇ 掌握位图填充的调整方法

◇ 掌握吸管工具的使用方法

5.2.2 知识准备

我们知道，矢量图形可以看成是两部分组成的，一部分是线（线和填充物的轮廓线），另一部分是填充物。使用墨水瓶工具，可以修改线的属性；使用颜料桶工具，可以修改填充物的属性；使用吸管工具，可以吸取线的属性，再利用墨水瓶工具将获取的线属性赋给其他线，也可以从填充物吸取它们的属性，再利用颜料桶工具将获取的填充物属性赋给其他填充物。

（1）墨水瓶工具与改变线的属性

墨水瓶工具的作用是改变已经绘制的线的属性，例如线的颜色、粗细和类型等。使用墨水瓶工具的方法如下。

1）设置线的新属性：即设置线的线型和颜色，修改线的颜色、粗细和类型等。

2）单击工具箱中的墨水瓶工具按钮 ![icon] ，再将鼠标移到舞台工作区中的某条线上，单击左键，即可用新设置的线属性修改被单击的线。

3）如果单击一个无轮廓线的填充物，则会自动为该填充物增加一个轮廓线。

对于线，无论是否处于选中状态，都可以对它使用墨水瓶工具来改变它的属性。但是，只有在填充物没被选中时，才能使用墨水瓶工具改变或增加它的轮廓线。

（2）颜料桶工具与改变填充物的属性

颜料桶工具的作用是对填充物属性进行修改，填充物的属性有单色填充、线性渐变填充、放射渐变填充和位图填充。

1）颜料桶工具的一般使用方法。①设置填充物的新属性：即设置填充物的填充颜色或位图图像、填充方式等。②单击工具箱中的颜料桶工具按钮 ![icon] ，再将鼠标移到某填充物上，单击左键，即可用新设置的填充物属性修改被单击的填充物，如图5-9、图5-10所示。

图5-9　原图

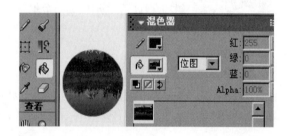

图5-10　用颜料桶工具修改后的图

2）颜料桶工具"选项"栏内图标按钮的作用。单击工具箱中的颜料桶工具图标按钮后，"选项"会出现两个图标按钮。空隙大小按钮和锁定填充按钮。①空隙大小按钮：单击它可弹出一个图标选单，如图5-11所示。②锁定填充图标按钮 ![icon] ：该按钮弹起时，为非锁定填充模式；单击该按钮，即进入锁定填充模式。

图5-11

3）调整渐变填充样式。在有填充物的图形对象没被选中的情况下，单击任意变形工具下的填充变形工具图标按钮 ，再用鼠标单击"线性渐变"、"放射渐变"、"位图"填充图形的内部，即可在填充物之上出现一些圆形和方形的控制柄，以及线或矩形框，用鼠标拖拽这些控制柄，可以调整填充物的填充状态。①改变线性填充物：单击任意变形工具下的填充变形工具图标按钮 ，再用鼠标单击线性填充物，会出现三个控制柄，如图5－12所示。用鼠标拖拽这些控制柄，可调整线性填充物的状态，如图5－13所示。具体调整线性填充物的方法如下：调整渐变线的水平位置：用鼠标拖拽位于两条渐变线之间的小圆圈控制柄。可以移动渐变中心的位置，以改变水平渐变情况。调整渐变线的间距：用鼠标拖拽位于渐变线中点的小方形控制柄，可以调整填充物渐变性的间距。调整渐变线旋转方向：用鼠标拖拽位于渐变线端点处的小圆圈控制柄，可以调整渐变线的旋转方向。②改变放射渐变填充物：单击任意变形工具下的填充变形工具图标按钮 ，再用鼠标单击放射渐变填充物，会出现四个控制柄，如图5－14所示。用鼠标拖拽这些控制柄，可调整放射填充物的状态，如图5－15所示。具体调整放射填充物的方法如下：调整渐变圆的中心：用鼠标拖拽位于圆心的圆控制柄，可以移动填充物中心亮点位置。调整渐变圆的长宽比：用鼠标拖拽位于圆周上的小方形控制柄，可以调整填充物渐变圆的长宽比。调整渐变圆的大小：用鼠标拖拽位于圆周上仅挨着小方形控制柄的小圆圈控制柄，可以调整填充物渐变圆的大小。调整渐变圆的方向：用鼠标拖拽位于圆周上第二个小圆圈控制柄，可以调整填充物渐变圆的倾斜方向。

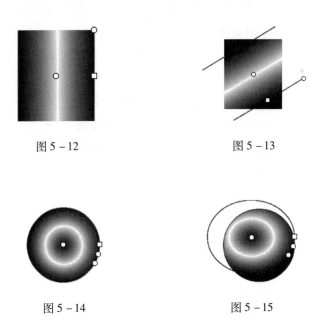

图5－12　　　　　　　　　　　图5－13

图5－14　　　　　　　　　　　图5－15

4）调整位图填充。单击填充变形工具图标按钮 ，再用鼠标单击位图填充物，位图填充物中会出现7个控制柄，如图5－16所示。用鼠标拖拽这些控制柄，可以调整位图填充物的状态如图5－17所示。

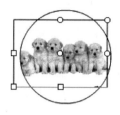

图 5 – 16   图 5 – 17

调整位图填充的方法如下：①调整位置：用鼠标拖拽中心的小圆圈控制柄，可以调整填充图像的位置。②调整大小：用鼠标拖拽矩形框角上的小方形控制柄，可以在保持图像的纵横比不变的情况下，改变图像的大小。如果缩小了填充图像，则会使填充区域内容纳的图像更多。③沿一个方向改变图像的大小：拖拽矩形边线中点的小方形控制柄可以沿一个方向改变填充图像的大小。④调整倾斜方向：用鼠标拖拽矩形框角上的小圆圈控制柄，可以在保持图像形状的情况下，改变它的倾斜角度。⑤扭曲图形：用鼠标拖拽矩形边线中点的小圆圈控制柄可以沿一个方向使图像扭曲。

（3）吸管工具的使用

吸管工具的作用是吸取舞台工作区中已经绘制的线、填充物（含位图）和文字的属性。单击工具箱中的吸管工具图标按钮 ，然后将鼠标移到舞台工作区内的对象之上。此时鼠标指针变成一个吸管加一支笔（对象是线）、一个吸管加一个刷子（对象是填充物）或一个吸管加一个字符 **T** （对象是文字）的形状，然后单击鼠标左键。

1）吸取矢量图形和位图图像的属性。单击工具箱中的吸管工具图标按钮 ，然后将鼠标移到某条线上时，鼠标变成一个吸管加一支笔的形状，这时单击可以吸取该线的属性，工具箱将自动使墨水瓶工具成为当前工具。

当鼠标移到某个填充物区域中时，鼠标指针变成一个吸管加一个刷子，此时单击鼠标将吸取该区域的填充属性，工具箱将自动使颜料桶工具成为当前工具。

2）吸取文字的属性。吸取文字属性后，单击工具箱中的文本工具 **T** ，然后单击舞台工作区内任何地方，会发现"属性"面板内文字的属性已改变为吸管所吸取的文字属性了。

5.2.3　任务实现
【案例】

制作漂亮的雨伞

（1）新建一个文档，按默认设置。按 Ctrl + S 组合键，"另存为"——"输入保存路径"——"输入文件名""漂亮的雨伞"。然后单击"确定"按钮，回到工作区。

（2）选择"椭圆工具"绘制一个无填充、边框为黑色的椭圆。选择绘制的椭圆图形，并展开其属性面板，设置其宽度为 300 像素、高度为 250 像素，如图 5 – 18 所示。

（3）使用椭圆工具绘制一个小的椭圆，设置其宽度为 60 像素，高为 50 像素。按住 Ctrl 键，使用"选择工具"再复制 4 个小椭圆，使他们相切排列，然后按 Ctrl + G 组合键，组合这 5 个小椭圆，如图 5 - 19 所示。

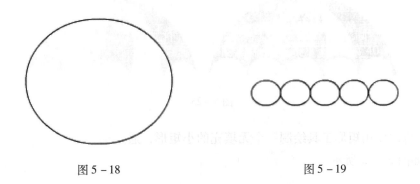

图 5 - 18   图 5 - 19

（4）将组合后的 5 个小椭圆移至大椭圆的内部，对应位置关系如图 5 - 20 所示，然后按 Ctrl + A 组合键全选图形，并按 Ctrl + B 组合键分离图形。

（5）利用图形的覆盖和分割特点，通过"选择工具"将多余的线条选定并删除，并对图形下方的角点进行调整，使其变得匀称，如图 5 - 21 所示。

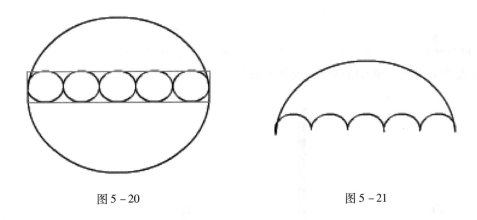

图 5 - 20   图 5 - 21

（6）使用"线条工具"，绘制如图所示的直线。再使用"选择工具"调整绘制的直线，使其呈弯曲状。如图 5 - 22 所示。

（7）使用"颜料桶工具"，选择不同的颜色从左至右依次填充为蓝、黄、粉红、绿和红 5 种颜色。

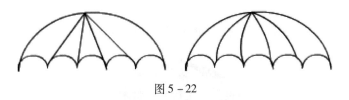

图 5 - 22

（8）使用"选择工具"，双击图形的线条部分，将线条全部选中，然后按 Delete 键删除线条，如图 5 - 23 所示。

（9）选择"矩形工具"，在舞台上绘制两个边框为黑色、无填充的矩形，组合成一个伞柄的形状，如图 5 - 24 所示。

图 5 – 23

（10）再次使用矩形工具绘制一个无填充的小矩形，通过选择工具，拖拉修改出伞尖的形状，如图 5 – 25 所示。

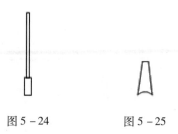

图 5 – 24   图 5 – 25

（11）选择"颜料桶工具"，给伞柄填充一种黑白过渡的线性渐变色，如图 5 – 26 所示，再给伞尖填充一种黑白过渡的放射状渐变色，如图 5 – 27 所示。

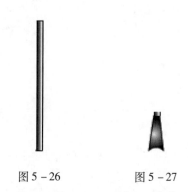

图 5 – 26   图 5 – 27

（12）使用选择工具将伞面、伞柄、伞尖移动到合适的位置进行组合，如图 5 – 28 所示。

（13）再次使用"选择工具"，双击伞柄和伞尖圆形的线条部分，将其删除。

图 5 – 28

1. 填空

（1）使用_____面板可以对所选对象进行更加精确的缩放、旋转、倾斜和创建副本的操作，该面板中的"旋转"选框用于对对象进行旋转设置，经常配合_____的操作。

（2）只有在_____模式下绘制的图形，才能进行交际、打孔和裁切合并对象的操作。

（3）位图导入 Flash 后是作为一个_____存在的，当需要修改位图时，可使用_____命令将位图分离。

（4）在"魔术棒设置"对话框中，_____用于定义将相邻像素包含在所选区域内必须达到的颜色接近程度，数值越高，包含的颜色范围_____。

（5）当需要向外扩展图形或向内收缩图形时，可以使用_____功能。方法是选择单个或多个填充图形，执行_____命令。

2. 上机实践

（1）绘制纸杯。

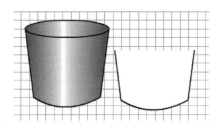

（2）绘制雨伞，填充不同的风景画。

项目6 运动渐变动画

项目简介

本项目主要介绍运动渐变动画的含义；运动渐变动画产生的条件；运动渐变动画的制作方法，并通过多个案例讲解运动渐变动画的应用。

学习目标

◇ 熟练掌握运动渐变动画的含义
◇ 熟练掌握运动渐变动画产生的条件
◇ 熟练掌握运动渐变动画的设置方法
◇ 熟练掌握运动引导层渐变动画的设置方法

项目分解

任务 6.1 直线运动渐变动画的制作
任务 6.2 运动引导层渐变动画的制作
任务 6.3 思考与实践

任务6.1 直线运动渐变动画的制作

6.1.1 任务描述

本任务主要是通过多个案例，讲解直线运动渐变动画的制作方法及其应用，讲解直线运动渐变动画制作的技巧。

任务要点

◇ 熟练掌握运动渐变动画的含义
◇ 熟练掌握运动渐变动画产生的条件
◇ 熟练掌握运动渐变动画的设置方法

6.1.2　知识准备

Flash 动画最基本的种类有："帧——帧"动画，即制作好每一帧画面，每一帧内容都不同，然后连续依次播放这些画面，生成动画效果；"过渡动画"，制作好若干关键帧画面，由 Flash 计算生成各关键帧之间的各个帧，使画面从一个关键帧过渡到另一个关键帧。"过渡动画"又分为移动过渡动画和形状过渡动画两种。

（1）运动渐变动画的含义

移动过渡动画也称运动动画，可以使一个对象在画面中移动、改变其大小、改变其形状、使其旋转、改变对象的颜色、产生淡入淡出效果、动态切换画面等。各种变化可以独立进行，也可以合成复杂的画面。

（2）运动渐变动画产生的条件

产生移动动画的对象只能是元件（图形元件、影片剪辑元件、按钮元件）生成的实例、未打散的文本、组合图形。要使矢量图形、图像产生移动动画，必须把它们转换为元件。

（3）移动动画的制作方法

小球直线运动。

1）单击选中时间轴中的一个白色关键帧，在舞台中创建一个对象或从库面板中把一个元件拖拽到舞台中。例如在舞台中画一个小球，右击选"转化为元件"。

2）单击选中第一帧。单击"插入"——"创建补间动画"。或右击第一帧——选"创建补间动画"。

3）单击选中时间轴中的动画终止帧（例如第 20 帧），按 F6 键，插入一个关键帧。此时时间轴中的两个关键帧之间会产生一个指向右边的水平箭头线。

4）调整动画起始帧和终止帧中对象的位置、大小、旋转角度、颜色和透明度等，此处，把第 20 帧的小球移到舞台的右边，如图 6－1 所示。

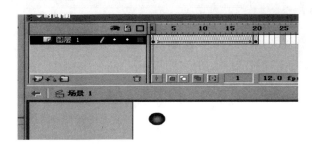

图 6－1

6.1.3　任务实现

【案例 1】

两个小球同时垂直向下运动并弹起

（1）制作小球元件

"插入"——"新建元件"——选"图形"类型。单击绘图工具中的椭圆工具，同时按 Shift 键画一个正圆，填充其为立体渐变色，单击绘图工具中的箭头工具，双击小球的边框，按键盘上的"Delete"键，删除边框。单击舞台左上角的"场景1"切换到当前场景中。

（2）制作第一个小球运动

1）打开"库"面板，把小球元件拖到舞台中，从"查看"菜单中选择"标尺""辅助线""网格线"。从上面标尺处和左边标尺处拖出两条辅助线，以确定小球的初始位置。

2）在第20帧按F6键插入关键帧，再把小球移到舞台下方。

3）在第一帧处单击，然后单击"属性"面板，在属性面板"补间"中选"运动渐变"，"简易"中选"－100"，表示做"加速"运动。

4）在第40帧插入关键帧，调整小球的位置，并单击第20帧，在属性面板"补间"中选"运动渐变"，"简易"中选"100"，表示做"减速"运动。

（3）制作第二个小球运动

1）单击时间轴中的"插入图层"按钮，插入图层2。

2）在图层2的第一帧单击，打开"库"面板，把小球元件拖到舞台中，小球的位置与第一个小球高度相同。

3）单击第二个小球，按Ctrl＋B组合键打散，单击绘图工具中的"颜料桶工具"，选择另一种颜色来填充。改变颜色后，按Ctrl＋G组合键来组合该图形。

4）再在第20帧和第40帧分别插入关键帧（按F6键），调整各关键帧小球的位置及建立运动渐变方法同设置第一个小球相同。

（4）按Ctrl＋回车键，测试效果

本案例制作技巧与知识链接

本例中，可以创建两个小球元件；也可以用一个元件，然后编辑另一个实例，先打散实例，改变实例的颜色后，再组合（本例中就是采用后一种方法），如图6－2所示。

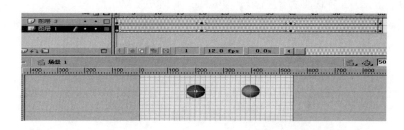

图6－2

【案例2】

动画关键帧的"属性"面板的使用（图6－3）

单击选中动画关键帧，再单击"窗口"——"属性"选项，即可调出属性面板。利用该面板可以设置动画类型和动画属性。

1）"〈帧标签〉"文本框：用来输入关键帧的标签名称。

2）"补间"列表框：用来选择动画类型。它有三个选项：无（没有动画）、运动渐变、形状渐变。

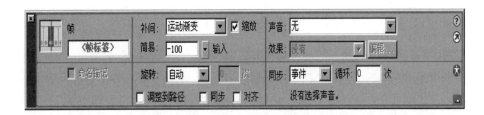

图 6 - 3

3）"简易"文本框：选择运动加速度。"0"表示匀速运动，"100"，表示做"减速"运动、"－100"，表示做"加速"运动。

4）"旋转"列表框：用来控制对象在运动中是否自旋转。"无"表示不旋转；选择"自动"表示按照尽可能少运动的情况下旋转对象；"顺时针"表示顺时针旋转对象。"逆时针"表示逆时针旋转对象。右边的"次"表示旋转次数。

5）"调整到路径"：选中后，可以控制运动对象沿路径的方向自动调整自己的方向。

6）"同步"：表示可确保影片剪辑实例在循环播放时，与主电影相匹配。

7）"对齐"：表示可使对象捕捉路径。

8）"声音"：如果导入了声音，该列表框中会提供所有导入的声音的名称，选择一种声音名称后，会将声音加入动画。

【案例3】

翻书动画（有一个封面，一个封底，两个不同的内页）

1. 创建元件

如果每页都相同，则只需创建一个元件；如果每页都不相同，则有几页，就创建几个元件。本例需创建 4 个元件。先创建封面元件。

（1）"插入"——"创建新元件"——类型为"图形"，元件名称为"封面"，如图 6 - 4 所示。

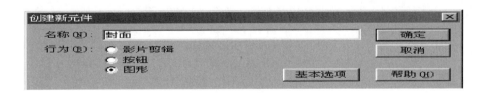

图 6 - 4　创建封面元件

（2）设置背景（"修改"——"文档"——"背景"）为黄色，使舞台显示标尺、网格（水平和垂直间距均为 18px）和辅助线。从"查看"菜单中选择"标尺"、"辅助线"、"网格线"。从上面标尺处和左边标尺处拖出两条辅助线，两条辅助线的交点为元件的"十字"中心，以十字中心作为顶点，向右下方向绘制一个蓝色、无轮廓线的矩形（用矩形工具拖出），宽 7 个网格、高 9 个网格。

（3）单击左上角的"场景1"，回到场景中。

（4）打开库面板。右击"封面"元件——"复制"，复制三次，复制出的元件名分别是"封底"、"封内1"、"封内2"。此时库内出现四个元件，如图6-5所示。

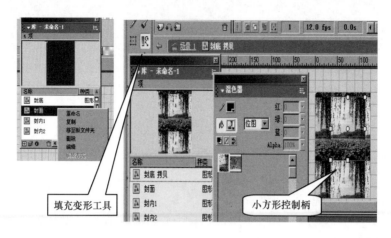

图6-5

2．现在对四个元件分别进行编辑修改

（1）双击"封面元件"，用绘图工具中的文本工具在封面元件图形中单击，并设定颜色为白色、楷体、大小为30的字"风景画"，白色、楷体、大小为20的字"第一册"。

（2）双击"封内1元件"，"文件"——"导入"——选定"素材库"中的"图片欣赏4"，单击绘图工具中的"颜料桶工具"，从"窗口"——"混色器"中的填充方式中选"位图"，将该元件填充为一幅风景画。如果填充的画是多个小图，可单击绘图工具中的"填充变形工具"，再单击图形中间，拖动小方形控制柄，使图形填满整个矩形。

（3）同样方法编辑修改"封内2元件"，填充图形选"素材库"中的"图片欣赏3"。

3．创建封面的动态翻页效果

（1）在舞台中从上面标尺处拖出一条辅助线，再从左边标尺处拖出一条辅助线，辅助线的交点作为书正面的左上角。

（2）把封面元件从"库"中拖到舞台中，在第15帧和第30帧分别按F6键，插入关键帧。

（3）单击第15帧，对第15帧的图形进行变形"窗口"——"变形"——"倾斜"（倾斜垂直-88度，按回车键），如图6-6所示

（4）单击第30帧，对第30帧的图形进行变形"窗口"——"变形"——"倾斜"（倾斜垂直180度，按回车键）。

（5）在第1帧建立补间动画，第15帧也建立补间动画。

（6）双击图层1的名称，改为"封面"图层。

（7）由于在开始翻封面的时候，就要看到"封内1"页，因此，在"封面"图层的下面插入一个"封内1"层。单击时间轴中的"插入图层"按钮，插入一个"图层2"。

（8）鼠标拖动"图层2"到"封面"层的下面，并把"图层2"改名为"封内1"层，把"封内1"元件拖到舞台中。

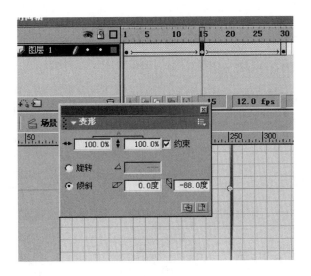

图 6 - 6

4. 创建"封内 1"页的动态翻页效果

（1）在"封面"图层的上面插入一个"封内 1"层，在第 30 帧插入一个空白关键帧（右击第 30 帧——插入空白关键帧），把"封内 1"元件从库中拖到舞台中。

（2）在第 45 帧和第 60 帧分别按 F6 键，插入关键帧。对第 45 帧的图形进行变形"窗口"——"变形"——"倾斜"（倾斜垂直 -88 度，按回车键）。

（3）单击第 60 帧，对第 60 帧的图形进行变形"窗口"——"变形"——"倾斜"（倾斜垂直 180 度，按回车键）。

（4）在第 30 帧建立补间动画，第 45 帧也建立补间动画。同时要把"封面"层的帧延长到第 60 帧（第 60 帧按 F5 键来插入一般帧）。

5. 创建"封内 2"页的动态翻页效果

（1）在"封内 1"图层的上面插入一个"封内 2"层，在第 60 帧插入一个空白关键帧（右击第 60 帧——插入空白关键帧），把"封内 2"元件从库中拖到舞台中。

（2）在第 75 帧和第 90 帧分别按 F6 键，插入关键帧。对第 75 帧的图形进行变形"窗口"——"变形"——"倾斜"（倾斜垂直 -88 度，按回车键）。

（3）单击第 90 帧，对第 90 帧的图形进行变形"窗口"——"变形"——"倾斜"（倾斜垂直 180 度，按回车键）。

（4）在该层第 60 帧建立补间动画，第 75 帧也建立补间动画。

（5）由于在开始翻"封内 1"的时候，就要看到"封内 2"页，因此，在"封内 1"图层的下面插入一个"封内 2"层。

（6）在该"封内 2"层第 30 帧插入一个空白关键帧，从库中把"封内 2"元件拖到舞台中。再把"封内 1"图层延长到第 90 帧。

6. 创建"封底"页的动态翻页效果

（1）由于在开始翻"封内 2"的时候，就要看到"封底"页，因此，在"封内 2"图层的下面插入一个"封底"层。第60帧插入一个空白关键帧，从库中把"封底"元件拖到舞台中。

（2）在"封内2"图层的上面插入一个"封底"层，在第90帧插入一个空白关键帧（右击第90帧——插入空白关键帧），把"封底"元件从库中拖到舞台中，在第105帧和第120帧分别按F6键，插入关键帧。

（3）对第105帧的图形进行变形"窗口"——"变形"——"倾斜"（倾斜垂直-88度，按回车键）。

（4）单击第120帧，对第120帧的图形进行变形"窗口"——"变形"——"倾斜"（倾斜垂直180度，按回车键），在第90帧建立补间动画，第105帧也建立补间动画。

（5）同时把"封内2"图层延长到第120帧。

翻书动画的时间轴如图6-7所示。

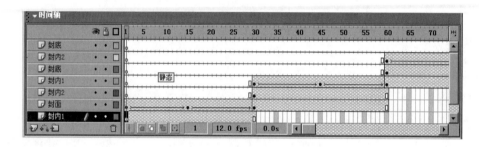

图6-7 翻书动画的时间轴

【案例4】

制作转动文字（安阳市电子信息学校）

（1）制作艺术字：①在Word中，"插入"——"图片"——"艺术字"，在对话框中选择第三种艺术字，输入"安阳市电子信息学校"，按"确定"。②再把该艺术字拖拽成圆形，选定该艺术字右击，选"设置艺术字格式"——"颜色和线条"，把"填充颜色"改为"红色"，"线条"改为"红色"，适当调整艺术字的大小。如图6-8所示。

图6-8

（2）制作转动文字的电影元件：①选定艺术字，复制。②启动Flash，然后，"插入"——"新建元件"，"行为"为"影片剪辑"，文件名默认为"元件1"，然后"确定"。③在影片剪辑窗口中，单击"粘贴"或按Ctrl+V组合键粘贴。然后选定艺术字，按 Ctrl + G 组合键来组合成组合图形。④在影片剪辑窗口的第 40 帧按 F6 键，插入一个关键帧。⑤右击影片剪辑窗口的第 1 帧，选"创建补间动画"，并单击"属性"窗口，在"属性"面板"旋转"中选"顺时针"、"1 次"，如图 6 – 9 所示。⑥回到主场景中（影片剪辑元件的时间轴如图 6 – 10 所示）。

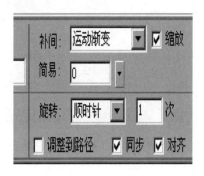

图 6 – 9

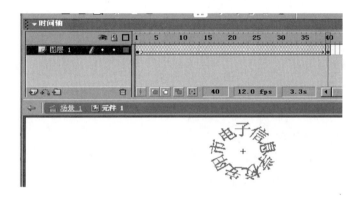

图 6 – 10　影片剪辑元件的时间轴

（3）把库中的影片剪辑元件拖到主场景的舞台中。

（4）按 Ctrl + Enter，测试一下效果（时间轴图形如图 6 – 11 所示）。

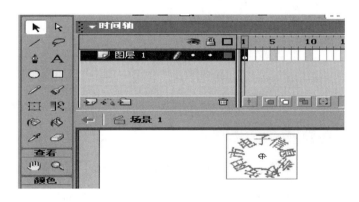

图 6 – 11　时间轴图形

【案例5】

制作水晕效果

动画效果如图6-12所示：

制作方法如下：

（1）"修改"——"文档"，设定背景为黑色，单击"绘图"工具箱中的"椭圆"工具，设定"笔触颜色"为"白色"，"填充颜色"为"无"，在属性面板中设定线条"粗细"为"4"，在舞台中拖拽出一个椭圆环。

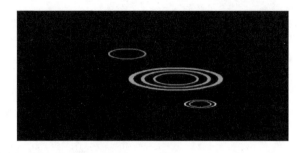

图6-12　水晕动画效果

（2）选定该椭圆环，右击，选"转换为元件"，"行为"为"图形"，名称为"元件1"。

（3）把该元件实例删除。

（4）单击第5帧，右击——"插入一个空白关键帧"，从库中把元件1拖到舞台中。

（5）在第15帧，按F6键插入一个关键帧，同时把该实例放大。

（6）单击第25帧，按F6键插入一个关键帧，同时再把该实例图形放大，选定该图形，单击"属性"面板，在"颜色"中设置透明度为6%，使图形变暗，逐渐消失。

（7）在"图层1"之上插入一个新图层，名称为"图层2"，把元件1从库中拖到舞台中，使两个元件实例中心对齐。

（8）分别在"图层2"第10帧和第20帧插入一个关键帧，并分别把图形放大，在第20帧，选定该图形，单击"属性"面板，在"颜色"中设置透明度为6%，使图形变暗，逐渐消失。

（9）在"图层2"之上插入一个新图层，名称为"图层3"，在第10帧插入一个空白关键帧，从库中把元件1拖到舞台中。

（10）分别在"图层3"第20帧和第30帧插入一个关键帧，并分别把图形放大，在第30帧，选定该图形，单击"属性"面板，在"颜色"中设置透明度为6%，使图形变暗，逐渐消失。

时间轴图形如图6-13所示。

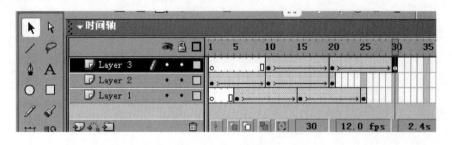

图6-13　时间轴图形

【案例6】

    图片的渐显渐隐动画、移动动画、旋转动画、缩放动画、翻转动画

制作方法如下：

1. 导入图片

（1）启动 Flash，在属性面板中设定"大小"，设置"尺寸"为 640（宽）×480（高），"确定"，来确定动画的播放尺寸。

（2）"文件"——"导入"，在弹出的导入对话框中，按住 Ctrl 键的同时，依次单击图片文件"苏州园林1. jpg"、"苏州园林2. jpg"、"苏州园林3. jpg"、"苏州园林4. jpg"、"苏州园林5. jpg"，将这 5 张图片同时选中。

（3）单击"打开"按钮，将图片导入到"库"面板中，并同时显示在舞台中央；将鼠标指针移到图片上，向下拖动使图片的位置向下移动一些距离。

（4）选择"修改"——"分散到图层"，将这 5 张图片分别放到单独的图层中，用鼠标拖动图层的名称，调整图层的位置，如图 6 – 14 所示。

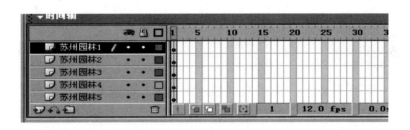

图 6 – 14

2. 图片渐显渐隐动画

（1）单击"苏州园林1"图层的第 1 帧，选中该帧中的图片，按 F8 键，弹出"转换为元件"对话框；在"名称"框中输入"图1"，"行为"为"图形"，"确定。

（2）单击"苏州园林1"图层的第 10 帧，按 F6 插入一个关键帧，该帧中的内容与第 1 帧相同；在第 20 帧、第 30 帧上分别按 F6 键新建关键帧。

（3）单击该图层的第 1 帧，选中该帧中的图片，在"属性"面板上，设置它的"颜色样式"为 Alpha（透明），"Alpha 数量"为 0，使图片完全透明，无法看到图片，如图 6 – 15 所示。

图 6 – 15

（4）方法同步骤（3），将该图层第 30 帧中的图片也设置为完全透明。

（5）单击第 1 帧，右击，选"创建补间动画"，使图片渐显出来。

（6）单击第 20 帧，右击，选"创建补间动画"，使图片渐隐起来，渐渐消失。

3. 图片移动动画

（1）单击"苏州园林 2"图层的第 1 帧，在该帧上按住鼠标不放，将其拖动到第 25 帧，选中该帧中的图片，按 F8 键，弹出"转换为元件"对话框；在"名称"框中输入"图 2"，"行为"为"图形"，"确定"。

（2）在该图层的第 35 帧、45 帧、55 帧上，按 F6 新建关键帧，单击该图层的第 25 帧，选中该帧中的图片，在"属性"面板上，设置它的"颜色样式"为 Alpha（透明），"Alpha 数量"为 0，使图片完全透明，无法看到图片。

（3）在该图层的第 25 帧，将该图片拖动到舞台外的左侧；单击该帧，在"属性"面板上，设置"补间"为"运动渐变"，使图片从舞台的左侧移动到舞台中央，并从完全透明状态渐渐显现出来。

（4）单击第 55 帧，选中该帧中的图片，在"属性"面板上，设置它的"颜色样式"为 Alpha（透明），"Alpha 数量"为 0，使图片完全透明，无法看到图片；将图片拖动到舞台外的右侧。

（5）单击第 45 帧，选中该帧中的图片，在"属性"面板上，设置"补间"为"运动渐变"，使图片从舞台的中央移动到舞台右侧外，并渐渐消失。

4. 图片旋转动画

（1）单击"苏州园林 3"图层的第 1 帧，在该帧上按住鼠标不放，将其拖动到第 50 帧，选中该帧中的图片，按 F8 键，弹出"转换为元件"对话框；在"名称"框中输入"图 3"，"行为"为"图形"，"确定"。

（2）在该图层的第 60 帧、70 帧、80 帧上，按 F6 新建关键帧。

（3）单击该图层的第 50 帧，选中该帧中的图片，单击绘图工具栏中的"任意变形工具"按钮，在周围出现变形控制点。

（4）将鼠标移到图片右上角的控制点上，当鼠标变成 ↔ 时，按住 Shift 键的同时拖动鼠标，向内侧拖动鼠标，使图片等比例缩小（尽可能小）。

（5）"属性"面板上，设置它的"颜色样式"为 Alpha（透明），"Alpha 数量"为 0，使图片完全透明，无法看到图片；将图片拖动到舞台的左上角。

（6）在该图层的第 50 帧，在"属性"面板上，设置"补间"为"运动渐变"，选中"缩放"选项，在"旋转"列表框中选择"顺时针"，设置"旋转次数"为 1 次，如图 6 – 16 所示。

图 6 – 16

（7）单击该图层的第 80 帧，选中该帧中的图片，将其移动到舞台的右上角，设置图片为完全透明，并将图片等比例缩小。

（8）单击该图层的第 70 帧，方法同前，创建运动渐变动画，在"旋转"列表框中选择"顺时针"，设置"旋转次数"为 1 次，选中"缩放"选项，使图片从舞台中央移动到舞台右上角，并伴随旋转、缩小、渐隐的动画效果。

5. 图片缩放动画

（1）单击"苏州园林 4"图层的第 1 帧，在该帧上按住鼠标不放，将其拖动到第 75 帧，选中该帧中的图片，按 F8 键，弹出"转换为元件"对话框；在"名称"框中输入"图 4"，"行为"为"图形"，"确定"。

（2）在该图层的第 85 帧、95 帧、105 帧上，按 F6 键新建关键帧。

（3）单击该图层的第 75 帧，选中该帧中的图片，单击绘图工具栏中的"任意变形工具"按钮，在周围出现变形控制点，等比例放大图片，并将图片设置为完全透明。

（4）该图层的第 75 帧，在"属性"面板上，设置"补间"为"运动渐变"，选中"缩放"选项，创建运动渐变动画，图片从大到小，并伴随渐显效果。

（5）单击该图层的第 105 帧，选中该帧中的图片，单击绘图工具栏中的"任意变形工具"按钮，在周围出现变形控制点，等比例放大图片，并将图片设置为完全透明。

（6）单击该图层的第 95 帧，在"属性"面板上，设置"补间"为"运动渐变"，选中"缩放"选项，创建运动渐变动画，使图片产生放大并渐隐的效果。

6. 图片翻转效果

（1）单击"苏州园林 5"图层的第 1 帧，在该帧上按住鼠标不放，将其拖动到第 100 帧上；在第 120 帧上，按 F6 键新建关键帧。

（2）单击该图层的第 100 帧，选中图片，选择"修改"——"变形"——"垂直翻转"；再设置图片为完全透明。

（3）单击该图层的第 100 帧，在"属性"面板上，设置"补间"为"运动渐变"。

该动画的时间轴图形如图 6-17 所示。

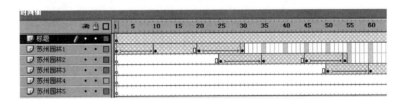

图 6-17　动画的时间轴图形

【案例 7】

制作齿轮转动的动画

动画效果图如图 6-18 所示。

制作步骤：首先绘制一个轮齿图形，将其转换为元件"轮齿"；然后利用"变形"面板中的"拷贝并应用变形"按钮，旋转并复制出整个齿轮图形，完成后将它转换为元件

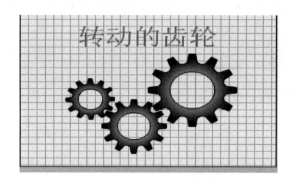

图 6 – 18　齿轮转动动画效果图

"齿轮"；继续新建一个"齿轮动画"并做运动渐变的影片剪辑元件，最后将"齿轮动画"元件 3 次拖到舞台中，形成齿合动画。

制作方法如下：

1. 绘制单个轮齿图形

（1）新建电影，创建一个图形元件，并选择"查看"——"网格"——"显示网格"，显示网格，以利于精确绘图。

（2）单击直线工具，在"属性"面板上，设置"笔触颜色"为黑色，"笔触"高度为 1，在舞台上绘制半边齿轮的形状。单击绘图工具箱中的"箭头"工具，框选该图形，按 Ctrl + C 键复制，按 Ctel + Shift + V 键，在原来位置上粘贴该图形；选择"修改"——"变形"——"水平翻转"命令，将复制的图形水平翻转，如图 6 – 19 所示。

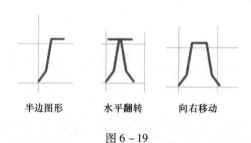

半边图形　　　水平翻转　　　向右移动

图 6 – 19

按键盘上的向右方向键，将复制的图形向右移动，与原来左侧图形合在一起，组成一齿轮的齿，注意齿与中心点的位置，这个很重要，如图 6 – 20 所示。

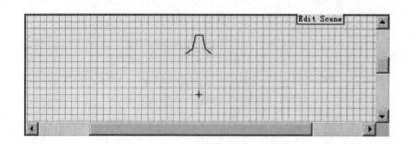

图 6 – 20

（3）新建图形元件，在库中将齿轮拖到当前舞台上，将元件 1 与本元件的中心点完全对齐，如图 6 - 21 所示。

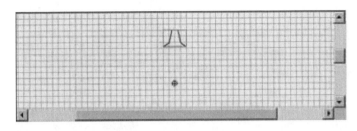

图 6 - 21

2. 绘制整个齿轮图形

（1）选中元件 1，利用变形面板连续复制一圈齿轮，使之成为一个齿轮。

方法是：选中该图形，单击"绘图"工具栏上的"任意变形工具"按钮，在图形周围出现变形控制点，如图 6 - 22 所示。

用鼠标将中心控制点向下移动一些距离，选择"窗口"——"变形"，在变形面板中，设置"旋转"为 30 度，如图 6 - 23 所示，连续单击"拷贝并应用变形"按钮，直到形成一个齿轮图形。

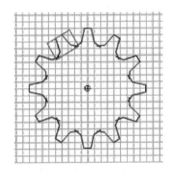

图 6 - 22

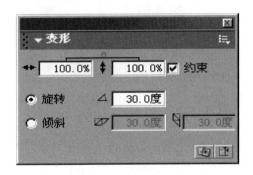

图 6 - 23 变形面板设置

（2）全选并进行打散，如果发现齿轮形状有交叉，用鼠标单击多余的线条，按 Delete 删除，如图 6 - 24 所示。

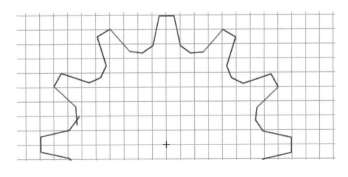

图 6 - 24

（3）进行填充，具体设置如图 6 – 25 所示。

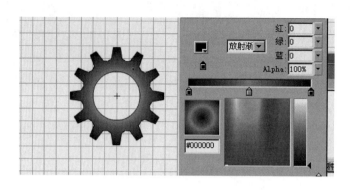

图 6 – 25

（4）在齿轮中间绘一个圆，然后删除，将齿轮掏空，新绘的圆一定要对齐中心点，最好拉出辅助线，如图 6 – 26 所示。

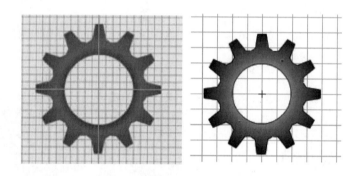

图 6 – 26

单击"绘图"工具栏上的"椭圆工具"按钮，在该工具栏上的"颜色"区中，设置"笔触颜色"为无颜色，单击"填充色"为黑白渐变色（放射状），在舞台空白处绘制一个很小的圆。

选中小圆，按 Ctrl + G 键，将其组合，将小圆拖动到齿轮图形的右上角。

单击"绘图工具栏"上的箭头工具按钮，框选整个齿轮图形，按 F8 键，弹出"转换为元件"对话框；在"名称"框中输入文字"齿轮"，设置"行为"为"影片剪辑"，"确定"，将该图形元件转换为影片剪辑元件。

3. 制作齿轮转动动画

（1）"插入"——"新建元件"，在对话框中，"名称"框中输入文字"齿轮动画"，设置行为"影片剪辑"。按 Ctrl + L 键，弹出库面板，将元件"齿轮"拖入舞台中。如果齿轮过大，可适当缩小，选中齿轮图形，将齿轮符号的中心点与影片剪辑元件的中心点对准。

（2）在时间线的第 60 帧按 F6 插入一个关键帧。选择第一帧，在属性面板的渐变下拉菜单中选择"运动渐变"，从"旋转"下拉菜单中选择（顺时针），在"次数"中输入"1"。

为避免最末帧和第一帧间的跳动现象，可以设置最后一帧不播放，而直接跳到第一帧播放，如图 6-27 所示。

图 6-27

（3）右击第 60 帧，选"动作"，输入：gotoAndPlay（1）。请注意语句中的字母大小写的区别。

（4）返回主场景中。

4. 组合三个齿轮动画

（1）将库中的"齿轮动画"影片剪辑元件拖到舞台上 3 次，建立 3 个该元件的实例，利用绘图工具栏上的"任意变形工具"按钮，缩小左上角的齿轮图形，放大右上角的齿轮图形，调整他们之间的位置，使 3 个齿轮图形啮合。

（2）单击左上角的齿轮图形，选择"修改"——"变形"——"水平翻转"命令，使该齿轮动画水平翻转；同样方法，将右上角的齿轮动画水平翻转；此时左上角和右上角齿轮转动的方向为逆时针，而中间齿轮转动为顺时针，符合齿轮传动的真实效果，如图 6-28 所示。

注意，在两个齿轮成啮合关系时，其中的一个齿轮必须水平翻转，不然同方向的齿轮会发生碰撞现象。

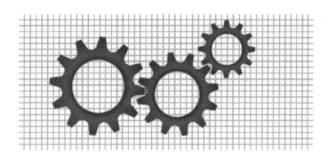

图 6-28

制作技巧：

（1）在制作齿轮图形时，先要将绘制的轮齿图形转换为元件，再旋转复制出整个齿轮图形。在旋转复制前，需要调整轮齿图形的中心点位置，使图形在复制的同时又以该中心点为圆心进行旋转，但往往制作出来的齿轮图形，在各轮齿的衔接处有偏差（如线条交叉或线条脱离），此时，只要双击任一个轮齿图形，在该元件的编辑窗口内，调整轮齿图形的形状，即可同时影响所有复制的轮齿图形形状，很容易使轮齿衔接处线条变得光滑平整。

（2）将动画制作成影片剪辑元件存于"库"中，再将它拖动到舞台上形成实例，这样不仅可以重复使用，并且可以和其他元件生成的实例一样，对它进行缩放、旋转、翻转、颜色属性的设置，从而表现出不同的动画效果，大大丰富了动画的表现形式。

例如，在影片剪辑元件中制作鱼游动的动画，然后将这个元件从库中拖动到舞台5次，并分别对他们进行缩放、旋转、翻转、颜色等属性的设置，此时，这5条鱼大小、游动方向、颜色都不相同。

【案例8】

制作线段延伸动画（运动渐变动画）

制作方法：

（1）单击"绘图"工具箱中的"线条"工具按钮，在"属性"面板上，设置"笔触颜色"为"红色"，"笔触高度"为2，在舞台中绘制一条水平线。

（2）选中该水平线，按F8键，把线段转换为元件，"名称"为"元件1"，"行为"为"图形"。

（3）单击图层1的第30帧，按F6插入一个关键帧。

（4）单击第1帧，选中水平线，再单击绘图工具箱中的"任意变形工具"，将鼠标指针移到右侧控制点上，待鼠标指针变成水平箭头时，按住Alt键的同时，向左拖动鼠标，保持水平线左侧端点不动，缩短水平线的长度，如图6-29所示。

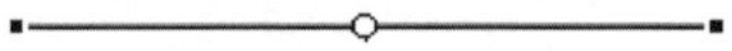

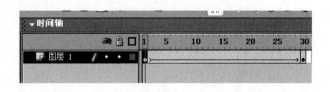

图6-29

（5）右键单击第1帧，选择"创建补间动画"。

动画时间轴图形如图6-30所示。

图6-30　动画时间轴图形

（6）按Ctrl+Enter组合键测试效果。

注意：制作时，如果第1帧先画出短线，在第20帧按Alt键把线拖动右端成长线，当你拖成后，可能会造成线段越来越变粗的现象。

如果不按住Alt键拖动，则线段会两端都延长，按住Alt键拖动，则线段另一端端点不动。

【案例9】

制作鸡蛋破壳动画

制作方法：

（1）启动 Flash，单击"绘图"工具箱中的"椭圆"工具，设定"笔触颜色"为"无"，"填充颜色"为某种渐变色，"窗口"——"混色器"，设定"放射渐变"填充，选择从深黄到浅黄的一种渐变。在舞台中拖出一个形似鸡蛋的椭圆，如图6-31所示。

（2）单击绘图工具箱中的"铅笔"工具，在"选项"中设定铅笔模式为"伸直方式"，在鸡蛋中间画出一条裂缝，如图6-32所示。单击上半部分被选定，右击，选"转换为元件"，在元件对话框中，设定"名称"为"元件1"，"行为"为"图形"。

图6-31　　　　　　　　　　　　图6-32

（3）再次右击上半部分，选"剪切"，单击"插入图层"按钮，在"图层1"图层之上插入一个"图层2"，单击图层2的第1帧，"编辑"——"粘贴到当前位置"。

（4）单击选定舞台中的鸡蛋上半部分元件实例，再单击绘图工具箱中的"任意变形工具"，把该元件的中心小圆点拖到元件的左下角，如图6-33所示。

（5）单击图层2的第20帧，按F6插入一个关键帧，再单击绘图工具箱中的"任意变形工具"，把鼠标放到元件的右上角，旋转元件实例，如图6-34所示。

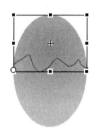 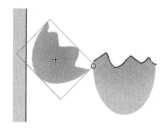

图6-33　　　　　　　　　　图6-34　旋转元件实例

（6）在"图层2"的第1帧和第20帧之间右击，选"创建补间动画"；在"图层1"的第20帧按F5延长帧。

该动画的时间轴图形如图6-35所示。

（7）按 Ctrl + Enter 组合键测试效果。

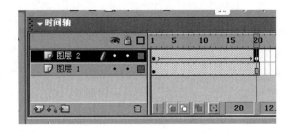

图 6-35　动画的时间轴图形

运动引导层渐变动画的制作

6.2.1　任务描述

动画不一定都是沿直线运动的动画，沿路径运动的动画就是用引导层动画来实现的。本任务通过运动引导层动画的设置方法以及大量案例，掌握运动引导层渐变动画的应用。

任务要点

　　◇ 运动引导层渐变动画设置方法
　　◇ 沿路径运动（播放时显示路径）且自动调整运动方向

6.2.2　知识准备

（1）运动引导层渐变动画

运动引导层渐变动画就是对象沿着任意路径运动。或者称对象沿着轨迹运动。可以制作小球沿轨迹运动、花丛中飞翔的蝴蝶、飘扬的雪花等。

注意：多个对象可以都沿着同一个路径运动。

（2）运动引导层渐变动画的制作方法（小球沿引导路径运动）

1）建立一个小球直线运动渐变动画。例如小球从左边移到右边的动画。

2）单击时间轴左下角的"添加引导图层"图标按钮 　，则选中图层（此处是"图层1"图层）的上边会增加一个引导图层，同时选中的图层（"图层1"图层）自动成为与引导图层相关联的被引导图层。关联的图层名字向右缩进，表示它是关联的图层。

3）使"图层1"图层隐藏，单击选中引导图层，在舞台工作区内用"铅笔工具"绘制路径曲线（单击铅笔工具后，在"选项"中选择"平滑"曲线）。

4）使"图层1"图层恢复显示，单击选中第一帧，用鼠标拖拽对象（小球）到引导线的起始端，使对象的中心（"十"为元件中心）与路径起始端重合。再单击选中终止帧，用鼠标拖拽对象（小球）到引导线的终端，使对象的中心（"十"为元件中心）与路径终端重合，如图 6-36 所示。

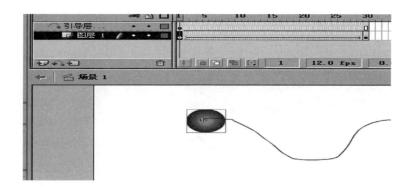

图 6 – 36

（3）沿路径运动播放时显示路径且自动调整运动方向

1）前面的例子在 Flash 舞台中能看到路径，但在播放时（即按 Ctrl + Enter 组合键时）是不显示路径的，为了使在播放时显示路径，应在小球图层之下插入一个图层，称为轨迹层。即在"图层 1"（运动元件的层）之上插入一个"图层 3"，再把"图层 3"拖到"图层 1"之下。改名为"显示路径"。

2）单击选定运动引导层中路径，并且按 Ctrl + C 组合键进行复制，如图 6 – 37 所示。

图 6 – 37

3）单击"显示路径"层的第 1 帧，按 Ctrl + Shift + V 组合键可将路径图形粘贴到原位置，实现"显示路径"层的第 1 帧的图形与引导层的路径位置重合，如图 6 – 38 所示。

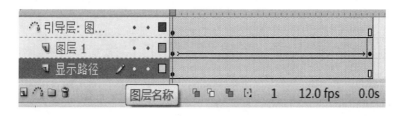

图 6 – 38

4）为了使对象自动调整运动方向，则应在"属性"面板中选中"调整到路径"，如图 6 – 39 所示。

图 6 - 39

6.2.3 任务实现
【案例1】

两个瓢虫沿椭圆运动

（1）"文件"——"打开"——c：\ program files \ macromedia \ flash mx \ samples \ fla \ movement - keys. fla 文件。从"窗口"下打开其"库"，从"文件"下选"新建"，新建一个空白 Flash 文件。从刚打开的 movement - keys. fla 文件的"库中"把 beetle 元件拖到自己的舞台中，beetle 元件就变为自己的元件了。

（2）建立第一个黄瓢虫的运动。①双击"图层1"改名为"黄瓢虫"图层。右击"黄瓢虫"图层的第一帧，选"建立补间动画"。在第30帧处右击——"插入关键帧"。②单击时间轴左下角的"添加运动引导层"按钮，在"黄瓢虫"图层之上插入一个运动引导层。③单击"椭圆"工具，边框线颜色为黑色，填充为"无"，在舞台中拖出一个椭圆。④单击"橡皮"工具，把椭圆擦出一个小缺口。"黄瓢虫"自动到路径起点处，用"主要工具栏"中的"旋转"工具调整一下"黄瓢虫"的运动方向。⑤单击第30帧，把"黄瓢虫"拖到路径终点，并调整运动方向，再在"属性"面板中选中"调整到路径"。

（3）单击"运动引导层"的第一帧，按 Ctrl + C 组合键复制路径，在"黄瓢虫"图层之上插入一个路径层，命名为"路径显示"层，按 Ctrl + Shift + V 组合键在原位置粘贴路径轨迹。再把"路径显示"层拖到"黄瓢虫"图层之下，如图 6 - 40 所示。

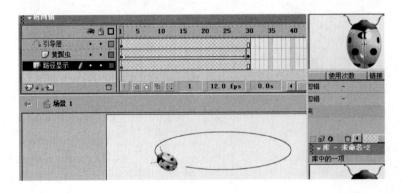

图 6 - 40

（4）在"黄瓢虫"图层之上插入一个新图层，命名为"红瓢虫"图层，从库中把黄瓢虫元件再次拖到舞台中，按 Ctrl + B 组合键打散，单击"颜料桶"工具填充为红色，再按 Ctrl + G 组合键组合。在第 30 帧插入关键帧，建立从第 1 帧到第 30 帧的"运动渐变"动画，单击第 1 帧，把红瓢虫拖到路径起点，第 30 帧时把红瓢虫拖到路径终点，同样要调整运动方向，再在"属性"面板中选中"调整到路径"，如图 6 - 41 所示。

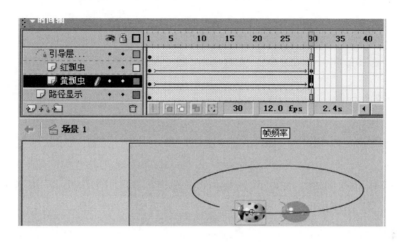

图 6 - 41

本例特点：借用了别的文件中现有的元件；显示了播放中的路径；两个对象在一个引导层下运动。

【案例 2】

小鸟飞行（图 6 - 42）

图 6 - 42　小鸟飞行效果图

制作方法：

（1）制作一个小鸟会飞的影片剪辑元件。①导入三个小鸟飞行状态的图片到"库"，并把这三个图片转换为三个图形元件（导入的三张图片也可以自己来画）。②"插入"——"新建元件"。"行为"为"影片剪辑"，名称为"小鸟"。该影片剪辑元件在第一帧为第 1 个小鸟飞行状态的图形元件。③在第 3 帧插入一个空白关键帧，把第 2 个小鸟飞行状态的图形元件拖到舞台中心。④在第 5 帧插入一个空白关键帧，把第 3 个小鸟飞行状态的图形元件拖到舞台的中心。小鸟影片剪辑元件的时间轴如图 6 - 43 所示。

（2）把"小鸟"电影元件从库中拖到舞台的右边，单击时间轴上的"添加运动引导层"按钮添加运动引导层，单击绘图工具箱中的"铅笔"工具，选定"选项"中的"平

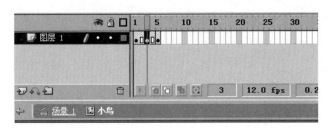

图 6-43　小鸟影片剪辑元件的时间轴

滑"模式，在舞台中画一条小鸟飞行的路线。

（3）在"第一只小鸟"图层的第 1 帧右击，选"创建补间动画"。单击第 40 帧，按 F6 插入一个关键帧，把小鸟实例拖到舞台左边，右击该帧，选"创建补间动画"。注意，小鸟实例的中心要在曲线上，否则，不会沿着飞行路线飞行。在第 50 帧插入一个关键帧，把小鸟实例拖到舞台左侧外。此时，用箭头工具圈定第 50 帧的实例，单击"属性"面板，选"颜色"中的"透明度"为"6%"，使图形逐渐消失。

（4）在"引导层"之上插入一个图层，命名为"第 2 只鸟"，在第 15 帧，第 25 帧和第 40 帧分别插入关键帧，并调整鸟的位置，在第 1 帧、第 15 帧、第 25 帧和第 40 帧分别按右键，并设定"创建补间动画"。

（5）在"第 2 只鸟"图层之上插入两个图层，分别命名为"鸟叫声 1"和"鸟叫声 2"，在"鸟叫声 1"图层上导入一个鸟叫声的声音文件，在"鸟叫声 2"图层上导入另一个鸟叫声的声音文件。

小鸟飞行动画的时间轴如图 6-44 所示。

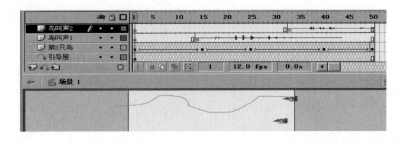

图 6-44　小鸟飞行动画的时间轴

任务6.3　思考与实践

1. 选择

（1）插入关键帧的快捷键是（　　）。

  A. F5   B. F6   C. F7   D. F8

（2）运动渐变动画中的关键帧上的对象是（   ）。

    A. 元件   B. 组合图形   C. 组合文字   D. 以上都是

（3）当在运动渐变中需要实现减速运动时，可以在起始关键帧属性面板中（   ）。

    A. 将"旋转"项设置为"顺时针"   B. 将"旋转"项设置为"逆时针"

    C. 将"缓动"项设置为正值   D. 将"缓动"项设置为负值。

（4）当在运动渐变中需要实现对象的顺时针旋转时，可以在起始关键帧属性面板中（   ）。

    A. 将"旋转"项设置为"顺时针"   B. 将"旋转"项设置为"逆时针"

    C. 将"缓动"项设置为正值   D. 将"缓动"项设置为负值。

2. 上机实践

将讲义中的案例进行上机练习。

项目7 | **形状补间动画**

项目简介

本项目主要是对打散的对象进行变形,从而产生形变动画。通过阐述形变动画的条件与形变动画设置的方法,在案例中揭示形变动画的应用。

学习目标

◇ 熟练掌握产生形变动画的条件
◇ 熟练掌握形变动画的设置方法
◇ 熟练掌握添加形状提示的形变动画设置方法
◇ 熟练掌握形状补间动画与动作补间动画的区别

项目分解

任务 7.1　形状渐变动画
任务 7.2　添加形状提示的形状渐变动画
任务 7.3　思考与实践

任务7.1 | 形状渐变动画

7.1.1　任务描述

本任务是通过阐述形变动画的条件与形变动画设置的方法,在案例中揭示形变动画的应用。

任务要点

◇ 熟练掌握产生形变动画的条件
◇ 熟练掌握形变动画的设置方法

7.1.2　知识准备

（1）形状补间动画的含义

形状补间动画，也称变形过渡动画，它是由一种形状对象逐渐补间为另外一种形状对象。形状补间动画可以实现两个图形之间颜色、形状、大小、位置的相互变化，其变形的灵活性介于逐帧动画和动作补间动画二者之间，使用的元素多为用鼠标或压感笔绘制出的形状。可以将矢量图形、打碎的文字和由位图转换的矢量图形进行变形，但不能将实例、未打碎的文字、位图像、打碎的位图像、群组对象进行变形。

（2）形状补间动画的条件

形状过渡动画也称变形动画。产生形状变形动画的对象是矢量图形、打碎的文字、由位图转换的矢量图形。打碎文字的方法是：选定文本，按两次 Ctrl + B 组合键。打碎组合图形或图像的方法是按一次 Ctrl + B 组合键。

打碎文字的方法是：先选中文字，执行"修改"——"分离"命令，或者选中文字，按两次 Ctrl + B 键。

形状补间动画作用对象：矢量图形、打碎的文字和由位图转换的矢量图形。

形状补间动画作用效果：作用在相同的图形组件上，可产生移动和缩放的效果。作用在不同的图形组件上，可制作颜色、形状、大小、位置补间。

（3）形状补间动画制作步骤

1）单击选中某一图层，使它成为当前图层，然后单击选中一个空白关键帧作为动画的开始帧。

2）在舞台内创建一个符合要求的对象（对象为矢量图形、打碎的文字和由位图转换的矢量图形），作为形状补间的初始对象。

3）单击形状补间动画的终止帧，右击，执行"插入空白关键帧"命令，然后在舞台内创建一个符合要求的对象，作为形状补间的终止对象。

4）单击选中起始关键帧，再单击属性面板，在属性面板的"补间"列表框选"形状"，如图 7 - 1 所示。

图 7 - 1　形状补间动画的"属性"面板

形状补间动画的"属性"面板上只有两个参数：①"简易"选项。单击其右边的 ▼ 按钮，会弹出滑动杆，拖动上面的滑块可以调节参数值，当然也可以在文本框中直接输入具体的数值，设置后，形状补间动画会随之发生相应的变化。在 1 到 - 100 的负值之间，动画运动的速度从慢到快，朝运动结束的方向加速度补间。在 1 到 100 的正值之间，动画运动的速度从快到慢，朝运动结束的方向减速度补间。默认情况下，补间帧之间的变化速率是不变的。②"混合"选项。"混合"选项中有两项供选择："角度式"选项：创建的动画中间形状会保留有明显的角和直线，适合于具有锐化转角和直线的混合形状。"分布式"选项：创建的动画中间形状比较平滑和不规则。

（4）形状补间动画与动作补间动画的区别

形状补间动画和动作补间动画都属于补间动画。前后都各有一个起始帧和终止帧，二者之间的区别如表7-1所示。形状渐变动画的时间轴如图7-2所示。

表7-1　　　　　　　　　　　形状补间动画与动作补间动画的区别

区别之处	动作补间动画	形状补间动画
在时间轴上的表现	淡紫色背景加长箭头	淡绿色背景加长箭头
组成元素	影片剪辑、图形元件、按钮、文字、位图等	形状，如果使用图形元件、按钮、文字，则必先打散再变形。
完成的作用	实现一个元件的大小、位置、颜色、透明等的变化。	实现两个形状之间的变化，或一个形状的大小、位置、颜色等的变化。

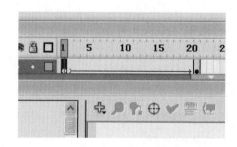

图7-2　形状补间动画在时间帧面板上的标记

7.1.3　任务实现

【案例1】

"小球"变成"万事如意"

效果描述：

小球逐渐变成文字"万事如意"。在变化的过程中，形状、颜色、大小、位置都在渐变，如图7-3所示。

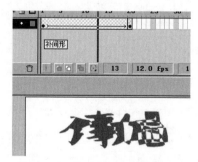

图7-3　"小球"变成"万事如意"动画效果图

制作方法：

（1）单击"图层1"的第1帧，单击绘图工具栏中的"椭圆工具"，在舞台内任意位置拖出一个填充色为"红色"、无笔触颜色的"圆"，如图7-4所示。

（2）单击"图层1"的第20帧，右击，执行"插入空白关键帧"命令，然后单击绘图工具栏中的"文本工具"，单击属性面板，在属性面板中，设置字体为"楷体"、字大小为"96"、字颜色选"蓝色"。在舞台内任意位置单击，输入"万事如意"，然后按"Ctrl+B"组合键两次，来打散文字。文字一定要打散，如图7-5所示。

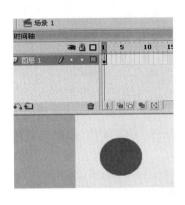

图7-4

图7-5

（3）单击选中起始关键帧，再单击属性面板，在属性面板的"补间"列表框中选"形状"。

【案例2】

光线运动照射文字的特效

效果描述：

光线从左到右，再从右到左照射文字，如图7-6所示。

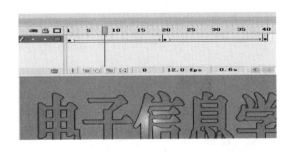

图7-6　光线运动照射文字的特效图

制作方法：

（1）执行"修改"——"文档"命令，把背景设定为浅蓝色。

（2）单击图层1的第一关键帧，单击绘图工具栏中的文本工具 **T**，再单击屏幕下方的属性面板，在属性面板中，设定字体为"华文中宋"、字体大小为"96"、字体颜色为

"红色"。在舞台中单击并输入"电子信息学校"，调整文本的宽度和高度。按两次"Ctrl + B"键打散文字。

（3）执行"修改"——"形状"——"扩散填充"命令，设"扩散填充"距离为"6"。如图7-7所示。

图7-7

（4）单击第一帧，选定打散的文字，单击"墨水瓶工具" ，给文字添加黑色边框。执行"窗口"——"设计面板"——"混色器"——"放射状"命令，如图7-8所示。

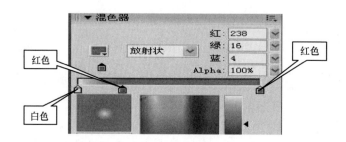

图7-8

（5）单击选择工具，在舞台上单击就可以取消对文字的选定，单击"颜料桶"工具，在混色器中选择"放射状"，单击第1帧来选定文字，然后给"电"字的左上角填充放射渐变色。在第20帧和第40帧处插入关键帧。在第20帧处，给"校"字的右下角填充放射渐变色，如图7-9所示。

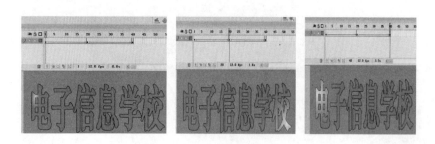

图7-9

（6）单击第1帧，在属性面板"补间"项选"形状"，在20帧单击，在属性面板"补间"项选"形状"。

另一种方法：①在第1帧输入"电子信息学校"，在第20帧、第40帧插入关键帧，把第1帧、第20帧、第40帧分别两次打散。②单击第1帧，用选择工具在舞台上单击，取消对文字的选定。③单击颜料桶工具，选择"放射状渐变"。④单击第1帧选定文字，在"电"的左上角填充，在第20帧的"校"的右下角填充；单击第40帧，再在"电"的左上角填充。

注意：先设定好放射状填充后，再单击颜料桶工具，再单击选定各帧进行部分的填充。

【案例3】

两个弹跳的彩球

效果描述：

两个彩球垂直方向弹跳，同时彩球下有一个阴影，随着彩球的上下跳动，阴影大小也随之变化，当彩球落下时，阴影随之变大，当彩球弹起时，阴影随之变小，如图7－10所示。

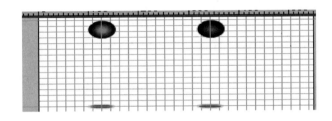

图7－10

制作方法：

1. 制作彩球元件

（1）执行"插入"——"新建元件"命令，名称项写"彩球1"，行为项选"图形"。

（2）单击绘图工具栏上的"椭圆"工具，选择"笔触颜色"为"无" ，填充颜色为绿色渐变，在舞台中心，同时按 Shift 键，拖出一个圆，元件制作完毕。

（3）打开"库"面板，右击"彩球1"元件，选"复制"命令，复制一个元件，命名为"彩球2"，双击"彩球2"元件，进入"彩球2"元件的编辑状态，选定绘图工具栏上的"颜料桶"工具，选择填充颜色为"红色"，元件制作完毕。

（4）回到场景中，至此，两个彩球元件制作完成。

2. 制作彩球的弹跳动画

（1）双击"图层1"，把图层名改为"绿球"，单击第一帧，把库面板中的"绿球"元件拖到舞台的左上部，此时，要显示网格线和辅助线，以确定彩球的位置对齐。

（2）在第20帧（按F6键）插入关键帧，把绿球移到左下部；第40帧插入关键帧，绿球位置和第1帧相同。在第1帧和第20帧处分别右击，执行"新建补间动画"命令。单击第1帧，单击"属性"面板，在"简易"值中改为"－100"，表示加速运动，在20帧处，单击"属性"面板，在"简易"值中改为"100"，表示减速运动。

（3）在"绿球"图层的上面，增加一个新图层，双击图层名，改为"阴影1"图层。然后将"阴影1"图层拖到"绿球"图层的下面，单击第一帧，在舞台内绘制一个无轮廓线的灰色椭圆。

（4）然后，执行"修改"——"形状"——"柔化填充边缘"命令，调出"柔化边缘"对话框，如图7－11所示进行设置，单击"确定"按钮，即可将灰色椭圆向外柔化。

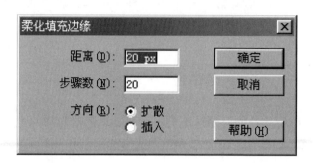

图7－11

（5）在第20帧和第40帧分别插入关键帧，把第1帧和第40帧的阴影缩小，第1帧和第20帧分别在属性面板中设置"补间"为"形状"。

（6）同理，在绿球图层上面增加一个图层"红球"层，小球放到舞台右上半部。

（7）同理，在红球图层之下，增加一个"阴影2"图层，制作方法同"阴影1"，如图7－12所示。

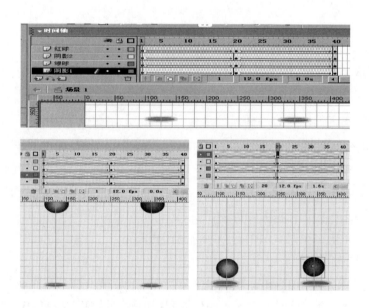

图7－12

【案例4】

函数图像变换

效果描述：

函数 $y = \sin(x)$ 图像逐渐变化为函数 $y = 3\sin(2x + \pi/3)$ 图像（根据数学知识可知，函数 $y = A\sin(\omega \cdot x + \Phi)$ 的图像，可以由函数 $y = \sin x$ 的图像变化得到）。

制作方法：

1. 制作坐标系（如图 7 – 13 所示）

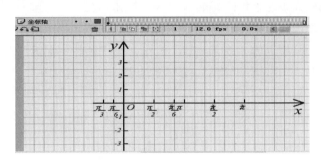

图 7 – 13

（1）点击"属性"面板，设置文档属性，设置"尺寸"为 640×480，单击"确定"。

（2）执行"查看"——"网格"——"编辑网格"命令，"显示网格"和"对齐网格"都选中，设置"水平间隔"为 18px，"垂直间隔"为 17px，单击"确定"，如图 7 – 14 所示。

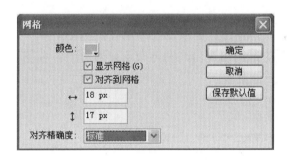

图 7 – 14

（3）在时间轴中，双击"图层 1"的名称，将其改为"坐标轴"。

（4）单击绘图工具栏上的线条工具按钮 ，在属性面板上，设置"笔触颜色"为黑色，"笔触高度"为 2，在舞台上绘制一条水平线，并在直线右端绘制箭头。

（5）单击"绘图"工具栏上的"文本工具"按钮，在属性面板上，设置字的大小为 30、斜体，在水平线右端箭头下方输入字母 X，表示 x 轴。

（6）方法同（4）~（5），再绘制一条竖直线，表示 y 轴，在原点处输入字母 O。

（7）在 x 轴原点右侧第三个网格线位置，绘制一条短竖线，表示 x 轴的刻度，选择"智能 ABC"输入法，在软键盘上，单击鼠标右键，在弹出的菜单中选择"希腊字母"，在右侧软键盘上找到字母 π，单击鼠标输入。

（8）在字母 π 的下方绘制一条短的水平线，在水平线下方继续输入数字 2，字的大小为 20、斜体；单击绘图工具栏上的"箭头"工具按钮，框选整个分数，按 Ctrl + G 键组合，继续给 x 轴和 y 轴标上刻度和单位。

（9）单击"坐标轴"图层右侧的"锁定"列，显示为"锁定"图标，将该图层锁定，防止误操作。

2. 绘制函数图像

（1）单击时间轴面板左下角的"插入图层"按钮，在"坐标轴"层上新建一个图层，双击图层名，将其改为"函数图像"。

（2）单击绘图工具栏上的"线条工具"按钮，在"属性"面板上，设置"笔触颜色"为红色，笔触高度为 2，在 x 轴上绘制一条从原点到 π 的红色水平线。

（3）单击绘图工具栏上的"箭头工具"按钮，将鼠标指针移到线段的中点处，当鼠标指针变成"弧形"形状时，向上拖动鼠标到纵坐标为 1 的位置，松开鼠标，变成一条曲线，如图 7 – 15 所示。

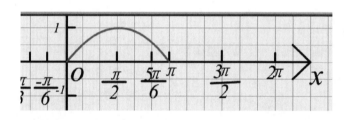

图 7 – 15

（4）选中该曲线，将鼠标指针移到它的左顶点处，按住 Ctrl 键的同时，向右拖动鼠标到 π 的位置，松开鼠标，复制出一条相同的曲线；执行"修改"——"变形"——"垂直翻转"命令，将曲线垂直翻转，按键盘上的向下方向键，将曲线移动到 x 轴的下方，正弦曲线绘制完成，如图 7 – 16 所示。

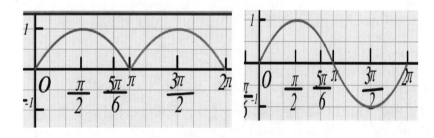

图 7 – 16

（5）单击"函数图像"图层的第 15 帧，按 F6 键插入一个关键帧，选中正弦曲线，将鼠标指针移到它的左顶点处，按住鼠标不放，向左拖动到 – π/3 的位置，如图 7 – 17 所示。

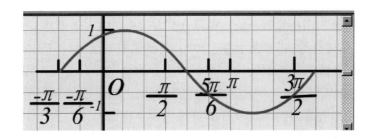

图 7 - 17

（6）单击"函数图像"图层的第 30 帧，按 F6 键插入一个关键帧，选中正弦曲线，单击绘图工具栏上的"任意变形"工具按钮，曲线周围出现变形控制点。

（7）将鼠标指针移到左侧中间的控制点上，向右拖动到 -π/6 的位置，继续将鼠标指针移到右侧中间的控制点上，向左拖动到 5π/6 的位置，如图 7 - 18 所示。

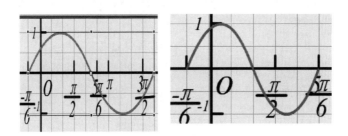

图 7 - 18

（8）单击函数图像图层的第 45 帧，按 F6 键插入一个关键帧，选中正弦曲线，单击绘图工具栏上的"任意变形"工具按钮，曲线周围出现变形控制点。

（9）将鼠标指针移到上方中间的控制点上，向上移动到 3 的位置，继续将鼠标指针移到下方中间的控制点上，向下移动到 -3 的位置。

（10）单击函数图像图层的第 1 帧，在属性面板上，设置"补间"为"形状"，此时第一帧到第 15 帧之间，显示出一条浅绿色背景的箭头，表示建立了形状渐变动画。

（11）方法同（10），分别在第 15 帧、第 30 帧上建立形状渐变动画。

3. 输入说明文字

（1）单击时间轴面板左下角的"插入图层"按钮，在"函数图像"层上新建一个图层，双击图层名，将其改为"说明文字"。

（2）单击"说明文字"图层的第 1 帧，在坐标轴下方输入"函数 $y = \sin(x)$ 图像"，其中汉字的字体为"华文行楷"，字大小为"30"，字颜色为"蓝色"。

（3）分别在第 15 帧、第 30 帧、第 45 帧、按 F6 新建关键帧，依次在各关键帧输入"将图像向左移 π/3 个单位，得到函数 $y = \sin(x + π/3)$ 图像"、"将图像横坐标缩短为原来的一半，得到函数 $y = \sin(2x + π/3)$ 图像"、"将图像纵坐标伸长为原来的 3 倍，得到函数 $y = 3\sin(2x + π/3)$ 图像"。

（4）单击时间轴面板左下角的"插入图层"按钮，在"说明文字"层上新建一个图层，双击图层名，将其改为"标题"。

（5）单击"标题"图层的第1帧，在舞台上方中央，输入"函数 $y = 3\sin(2x + \pi/3)$ 图像"，字体为"华文行楷"，字大小为"40"，字颜色为"黑色"。

（6）单击"函数图像"图层的第1帧，在下方的"动作"面板的左侧窗格中，单击"动作"下的"全局函数"——"时间轴控制"类别，展开该类别下的动作语句；双击"stop"语句，将该语句添加到该面板右下角的"脚本窗格"中，为第1帧添加动作语句"stop（ ）;"，使动画不自动播放。

（7）同理，为第15帧、第30帧、第45帧添加动作语句"stop（ ）;"，当动画播放到这些帧时暂停下来，而不会自动到下一帧播放。

（8）单击时间轴面板左下角的"插入图层"按钮，在"标题"层上新建一个图层，双击图层名，将其改为"按钮"。

（9）执行"窗口"——"其他面板"——"公用库"——"按钮"命令，在弹出的公用库面板中，双击元件文件夹 playback 图标，展开该类别下的按钮元件，用鼠标将 gel Right 按钮元件拖到舞台中。

（10）在按钮上右击鼠标，选"动作"，在弹出"动作"面板的左窗格中，单击"动作"下的"全局函数"——"时间轴控制"类别，展开该类别下的动作语句，双击 play 语句，将该语句添加到该面板右下角的"脚本窗格"中。

动作语句如下：

On（release）｛

Play（ ）；

｝

（11）拖动鼠标将"按钮"图层中的第31~45帧选中，在选中的帧上右击，选"删除"。将这些帧删除，即播放最后一段的变形动画时，不需要显示该按钮。

【案例5】

荷花与水珠

效果描述：

一滴水珠从荷花的花瓣上慢慢滑落下来，溅起一层水波，如图7-19所示。

图7-19　荷花与水珠效果图

制作方法：

（1）双击图层1的名字，改为"荷花背景"，执行"修改"——"文档"命令，在尺寸中输入640（宽），480（高）。

（2）执行"文件"——"导入"，导入一幅荷花的图片。执行"窗口"——"设计面板"——"信息"命令，打开信息面板，设定宽为640，高为480，x为0，y为0。并在第65帧处按F5插入帧，以永远保持第一帧的画面。

（3）单击选定"荷花背景"图层，单击时间轴面板左下角的"插入图层"按钮，在"荷花背景"层上新建一个图层，双击图层名，将其改为"水珠"。

（4）在"水珠"图层的第1关键帧处，单击绘图工具栏上的"椭圆工具"按钮，设置为无边框，填充色为白色，在花瓣上绘制一个很小的椭圆，单击第15帧，按F6插入一个关键帧，把椭圆移到花瓣的上半部，并且放大椭圆，鼠标指向椭圆的边框处，变成弧形状时，按住鼠标向下拖一下，来改变水珠的形状。

（5）单击第30帧，按F6键插入一个关键帧，把水珠移到花瓣的下部。

（6）在第35帧按F6插入一个关键帧，在第40帧按F6插入一个关键帧，把水珠移到水面。

（7）分别单击第1帧、第15帧、第35帧，单击属性面板，在"补间"项选择"形状"。在第30帧处，不要设置形状渐变，目的是让水珠暂停一下。

（8）单击选定"水珠"图层，单击时间轴面板左下角的"插入图层"按钮，在"水珠"层上新建一个图层，双击图层名，将其改为"水晕"。

（9）在第45帧右击插入一个空白关键帧，单击绘图工具栏中的椭圆工具，在水面拖出一个边框为白色，无填充色的小椭圆，在第55帧插入一个关键帧，把椭圆放大。

（10）单击第45帧，在属性面板中设置补间为"形状"。

【案例6】

直线延伸

效果描述：

一条直线从左向右延伸，到右侧再由上向下延伸，效果如图7-20所示。

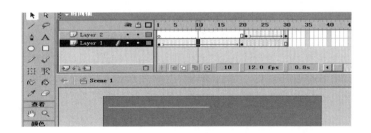

图7-20　直线延伸效果图

制作方法：

（1）单击绘图工具栏上的"直线工具"按钮，在属性面板中设定笔触颜色为"黄色"，笔触高度为2，在舞台中拖出一条很短的直线，单击第20帧，按F6键，插入一个关键帧，选定短线，单击绘图工具栏上的"任意变形工具"，线条上出现控制柄，把鼠标放到线段右端，当鼠标变成左右箭头状时，按住鼠标向右拖动来延长直线，当线段长度满足需要时松手。

（2）单击第1帧，单击属性面板，在属性面板中设定"补间"为"形状"，如图7-21所示。

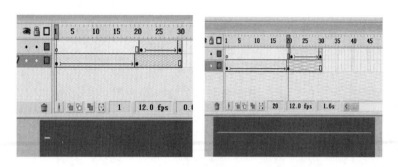

图7-21

（3）同理制作从上向下的延伸直线，如图7-22所示。

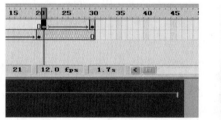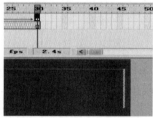

图7-22

【案例7】

蜡烛火焰

效果描述：

一根红蜡烛在燃烧，火苗在飘动，如图7-23所示。

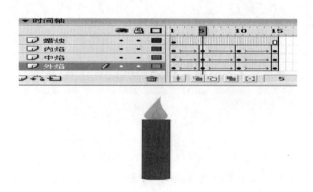

图7-23　蜡烛火焰效果图

制作方法：

（1）启动 Flash，设置文档属性，宽为 550，高为 400。

（2）双击"图层1"的名称，将图层名改为"中焰"。

（3）单击"绘图"工具栏上的"铅笔工具"按钮，在该工具栏下方的"选项"区中，设置"铅笔模式"为"墨水"，在舞台上绘制如图 7 - 24 所示图形；为该图形填充浅棕色并删除边框线，表示火焰的中焰图形。也可以用"绘图"工具栏中的椭圆工具画出一个圆，然后按住 Ctrl 键，同时用鼠标拖圆的上半部分，形成一个"火焰"的形状。

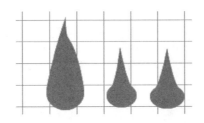

图 7 - 24

（4）选中该图形，按住 Ctrl 键不放，向右拖动鼠标，复制出一个相同的图形，为该图形填充"深黄色"，使用"绘图"工具栏上的"任意变形工具"，将该图形缩小，表示火焰的内焰图形。

选中该图形，按住 Ctrl 键不放，向右拖动鼠标，复制出一个相同的图形，为该图形填充"棕色"，使用"绘图"工具栏上的"任意变形工具"，将该图形扩大，表示火焰的外焰图形。

（5）选中内焰图形，按 Ctrl + X 键将其剪切；在"中焰"层上新建一个图层，设置图层名称为"内焰"，将剪切的图形粘贴，并将该图形拖动到中焰图形中。

（6）在"中焰"图层下新建一个图层，设置图层名称为"外焰"，选中前面复制成的外焰图形，按 Ctrl + X 键将其剪切，然后再粘贴到外焰图层中，把外焰图形移到中焰上。

（7）分别在"内焰"、"中焰"、和"外焰"图层中的第 5 帧和第 10 帧，按 F6 键新建关键帧；使用"绘图"工具栏上的"箭头"工具，改变第 5 帧和第 10 帧中的火焰形状，如图 7 - 25 所示。

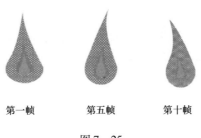

第一帧   第五帧   第十帧

图 7 - 25

（8）在"内焰"图层的第 1 帧上单击鼠标右键，弹出快捷菜单，选择"拷贝帧"命令，复制该帧中的内容；在该层的第 15 帧上右击，选"粘贴帧"，使第 1 帧与第 15 帧的内容相同。

（9）同样的方法，将"中焰"、"外焰"图层的第 1 帧内容复制到各自图层的第 15 帧。

（10）依次单击"内焰"图层的第 1 帧、第 5 帧、第 10 帧，在"属性"面板上设置"补间"为"形状"。同样方法，分别在"中焰"、"外焰"图层中创建形状渐变动画。

（11）在"内焰"图层之上插入一个图层，双击该图层名，改名为"蜡烛"，单击绘图工具箱中的矩形工具，在下方的颜色选项区中，选择填充色为"红色"，单击"箭头"工具按钮，鼠标放于矩形的下方，当鼠标成弧形时，向下稍微拖一下，使蜡烛下端变成圆弧状。单击第 15 帧，按 F5 延长帧。

（12）按 Ctrl + Enter 键，测试动画效果。

该动画的时间轴图形如图 7 - 26 所示：

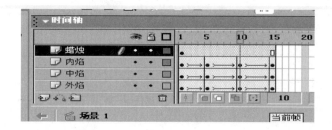

图 7 - 26

【案例 8】

"庆祝国庆"文字与"灯笼"图形互变

效果描述：

国庆的夜空绚丽多彩，朵朵礼花在天空中绽放，远处传来礼炮的轰鸣声，几个大红灯笼慢慢的变成文字"庆祝国庆"，文字"庆祝国庆"又慢慢的变成大红灯笼，如图 7 - 27 所示。

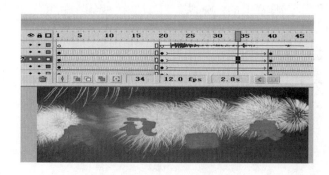

图 7 - 27

制作方法：

（1）创建新文档。执行"文件"——"新建"命令，在弹出的对话框中选择"常规"——"Flash 文档"选项后，单击"确定"按钮，新建一个影片文档，在"属性"面板上设置文件大小为 400 像素×330 像素，"背景色"为白色，如图 7-28 所示。

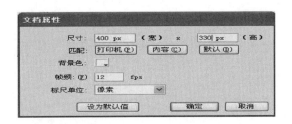

图 7-28

（2）创建背景图层。执行"文件"——"导入"——"导入到舞台"命令，将名为"节日夜空.jpg"图片导入到场景中，选择第 80 帧，按键盘上的 F5 键，增加一个普通帧，如图 7-29 所示。

图 7-29

（3）创建灯笼形状。先来画灯笼，执行"窗口"——"颜色"命令，打开"颜色"面板，设置各项参数，渐变的颜色为白色到红色，如图 7-30 所示。

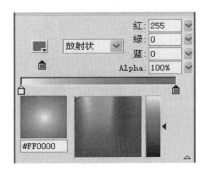

图 7-30   图 7-31

新建一个图层，并将其重新命名为"灯笼一"。选择工具箱中的"椭圆工具" ⬭ ，设置"笔触颜色"为无，在场景中绘制出一个椭圆做灯笼的主体，大小为65像素×40像素。接着来画灯笼上下的边，打开"混色器"面板，按照如图7-31所示设置深黄色到浅黄色的"线性"渐变填充。从左到右三个填充色块的颜色值分别为：#FF9900、#FFFF00、#FFCC00。

选择工具箱上的"矩形工具" 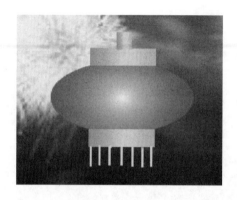，设置"笔触颜色"为无，绘制出一个矩形，大小为30像素×10像素，复制这个矩形，分别放在灯笼的上下方，再画一个小的矩形，长宽为7像素×10像素，作为灯笼上面的提手。

最后用"线条工具" ，在灯笼的下面画几条黄色线条做灯笼穗，一个漂亮的灯笼就画好了，如图7-32所示。

图7-32　画好的灯

（4）复制粘贴四个灯笼。复制刚画好的灯笼，新建三个图层，在每个图层中粘贴一个灯笼，调整灯笼的位置，使其错落有致地排列在场景中。在第20、40帧处为各图层添加关键帧，如图7-33所示。

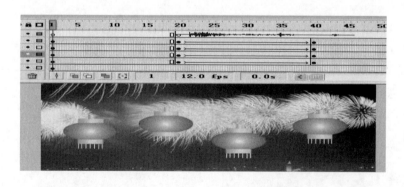

图7-33　错落有致的灯笼及时间轴面板

（5）把文字转为形状取代灯笼。选取第一个灯笼，在第40帧处用文字"庆"取代灯笼，在"属性"面板上，设置文本类型为"静态文本"，字体为"隶书"，字体大小为60，颜色为红色。

对"庆"字执行"修改"——"分离"命令，把文字转为形状，如图7-34所示。

图 7-34 用"庆"字替换第一个灯笼

依照以上步骤，在第 40 帧处的相应图层上依次用"祝"、"国"、"庆"三个字取代另外三个灯笼，并执行"分散"操作，其效果如图 7-35 所示。

图 7-35 用文字形状取代灯笼形状及文字打散

（6）设置文字形状到灯笼形状的转变。在"灯笼"各图层的第 60 帧及 80 帧处，分别添加关键帧，现在，在 80 帧处各"灯笼"图层中的内容为"文字图形"，应该把它们换成"灯笼"。

具体办法是分别复制第 20 帧中的"灯笼"图形，再分别粘贴到第 80 帧中，当然，你应该先清除第 80 帧处 4 个"灯笼"图层中的内容哦！

（7）创建形状补间动画。在"灯笼"各图层的第 20、60 帧处单击帧，在"属性"面板上单击"补间"旁边的小三角，在弹出的菜单中选择"形状"，建立形状补间动画。

（8）导入声音和设置声音。执行"文件"——"导入"——"导入到库"命令，打开名为"sound. mp3"的文件，将其导入到库中。

添加一层，在第 20、60 帧处按 F6 键，创建关键帧，在"属性"面板上单击"声音"旁边的小三角，选择"sound. mp3"，如图 7-36 所示。

图 7-36 声音设置

设置好的时间帧面板如图 7 – 37 所示。

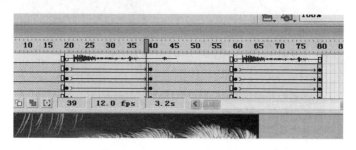

图 7 – 37　设置好的时间帧面板

任务7.2　添加形状提示的形状渐变动画

7.2.1　任务描述

本任务主要是通过添加形状提示，使得形状变形动画更流畅自然。通过添加形状提示方法的讲解，以及案例的应用，熟练掌握添加形状提示的形变动画的设置方法。

任务要点

◇　了解添加形状提示在形变动画设置中的作用
◇　熟练掌握添加形状提示的方法

7.2.2　知识准备

形状补间动画看似简单，实则不然，Flash 在"计算"2 个关键帧中图形的差异时，远不如我们想象中的"聪明"，尤其前后图形差异较大时，变形结果会显得乱七八糟，为得到流畅自然的形状变形动画，可以添加形状提示。

（1）形状提示的作用

在"起始形状"和"结束形状"中添加相对应的"参考点"，使 Flash 在计算变形过渡时依一定的规则进行，从而较有效地控制变形过程。

（2）添加形状提示的方法

先在形状补间动画的开始帧上单击一下，再执行"修改"——"形状"——"添加形状提示"命令，该帧的形状上就会增加一个带字母的红色圆圈，相应地，在结束帧形状中也会出现一个"提示圆圈"，用鼠标左键单击并分别按住这 2 个"提示圆圈"，放置在适当位置，安放成功后开始帧上的"提示圆圈"变为黄色，结束帧上的"提示圆圈"变为绿色，安放不成功或不在一条曲线上时，"提示圆圈"颜色不变，如图 7 – 38 所示。

说明：在制作复杂的变形动画时，形状提示的添加和拖放要多方位尝试，每添加一个形状提示，最好播放一下变形效果，然后再对变形提示的位置做进一步的调整。

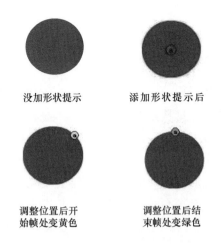

没加形状提示　　　　　　添加形状提示后

调整位置后开　　　　　　调整位置后结
始帧处变黄色　　　　　　束帧处变绿色

图 7 - 38　　添加形状提示后各帧的变化

（3）添加形状提示的技巧

1）"形状提示"可以连续添加，最多能添加 26 个。

2）将变形提示从形状的左上角开始按逆时针顺序摆放，将使变形提示工作得更有效。

3）形状提示的摆放位置也要符合逻辑顺序。例如，起点关键帧和终点关键帧上各有一个三角形，我们使用 3 个"形状提示"，如果它们在起点关键帧的三角形上的顺序为 abc，那么在终点关键帧的三角形上的顺序就不能是 acb，也要是 abc。

4）形状提示要放在形状的边缘才能起作用，在调整形状提示位置前，要打开工具栏上"选项"下面的"吸附开关" 🧲 ，这样会自动把"形状提示"吸附到边缘上，如果你发觉"形状提示"仍然无效，则可以用工具栏上的"缩放工具" 🔍 单击形状，放大到足够大，以确保"形状提示"位于图形边缘上。

5）另外，要删除所有的形状提示，可执行"修改"——"形状"——"删除所有提示"命令。删除单个形状提示，可用鼠标右键单击它，在弹出菜单中选择"删除提示"。

【案例】

数字"1"变为"2"

效果描述：两个"1"，一个加形状提示，一个不加，它们都变成数字"2"，这两个同样都是"形状变形"，我们可以看出变形效果有明显的差异，如图 7 - 39 所示。

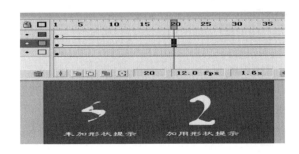

图 7 - 39

制作方法：

（1）执行"文件"——"新建"命令，新建一个影片文档，设置舞台尺寸为300像素×200像素，设置"背景色"为蓝色#0000FF。

（2）创建变形对象。在场景中写两个数字"1"，让它们同时变形，一个加形状提示，一个不加形状提示，看看这两个变形有什么不同。

先在"图层1"的场景左边输入数字"1"，在"属性"面板上，设置文本格式为"静态文本"、字体为隶书、字号为100、颜色为白色。再建一个"图层2"，在场景右边输入数字"1"，参数同上，此层是添加形状提示层。然后在两个图层的第40帧处添加空白关键帧，各输入数字"2"，在第60帧处添加普通帧，使变形后的文字稍做停留。

（3）把字符转为形状。逐一选取各层数字的第1、40帧，执行"修改"——"分离"命令，把数字打散，转为形状。

（4）创建补间动画。在"图层1"和"图层2"的第一帧处各自建立形状补间动画。

（5）添加形状提示。选择"图层2"的第1帧，执行"修改"——"形状"——"添加形状提示"命令2次，如图7-40所示。

确认工具箱中的【对齐对象】按钮  处于被按下状态，调整第1、40帧处的形状提示，如图7-41所示。

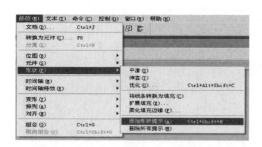

图7-40　添加形状提示菜单

图7-41　添加形状提示的第1、40帧

（6）添加文字说明。新建一层，在两个渐变的下面分别写上"未加形状提示""加形状提示"的说明，在第60帧处加普通帧。

任务7.3　思考与实践

练习案例中的形状渐变动画制作。

项目8 遮罩动画

项目简介

    遮罩动画是 Flash 动画的重点，遮罩动画能创建令人惊奇的动画。本项目主要是遮罩动画的设置。通过对创建遮罩层的设置方法的讲解，结合多个案例，创建复杂而漂亮的动画。

学习目标

◇ 了解遮罩动画的含义
◇ 掌握遮罩动画的创建方法

项目分解

任务 8.1　遮罩动画的创建方法
任务 8.2　思考与实践

任务8.1　遮罩动画的创建方法

8.1.1　任务描述

    本任务主要是遮罩动画的设置。通过对创建遮罩层的设置方法的讲解，结合多个案例，创建复杂而漂亮的动画。

任务要点

◇ 了解遮罩动画的含义
◇ 掌握创建遮罩层的方法
◇ 分析遮罩动画的应用与技巧

8.1.2 知识准备

(1) 遮罩动画的含义

遮罩动画是利用遮罩层来制作的动画，在 Flash 中遮罩层是一种特殊的图层，它就像一张不透明的纸，我们可以在这张纸上挖一个洞，透过这个洞可以看到下面被遮罩层上的内容，这个洞的形状和大小就是遮罩层上图形对象的形状和大小，如在遮罩层上绘制一个圆，则洞的形状就是这个圆。

实际上遮罩层的图形罩住谁就显示谁，罩住多大的面积就显示多大的面积。

Flash 中可以用图形、文字、组合图形、图形元件、影片剪辑元件来作为遮罩图层中的对象。

遮罩动画可以是遮罩层动画，也可以是被遮罩层动画。

(2) 创建遮罩图层的步骤

1）创建一个普通图层，并在上面绘制出图形、输入文字或导入图像等。此处导入一幅图像。

2）选中刚刚创建的普通图层，再单击时间轴上的"插入图层"按钮，创建一个新的普通图层。

3）在新的普通层上绘制图形与输入文字（颜色为非白色），作为遮罩图层中的挖空的区域。

4）将指针移到遮罩图层的图层名处，右击鼠标——"遮罩层"。此时遮罩层下面的普通图层的名字会向右缩进，表示已经被它上面的遮罩图层所关联，成为被遮罩层，如图 8-1 所示。

图 8-1

注意：在建立遮罩图层后，Flash 会自动锁定遮罩图层和被遮罩图层，如果需要编辑遮罩图层，应先解锁，再编辑。但解锁后就不会显示遮罩效果了，如果需要显示遮罩效果，需要再锁定该图层。

被遮罩层可以是多个层，只要把图层名称左边的图标，用鼠标向右上稍微拖一下即可。

（3）遮罩动画的功能

利用遮罩动画功能，可以制作出多种视觉效果奇特的动画，如探照灯、水中倒影、飘动的旗帜、流动的水、电影序幕文字等。

遮罩动画有遮罩层对象作运动和被遮罩层对象作运动。

8.1.3 任务实现

【案例1】

放大的探照灯

（1）在图层1的第一帧导入一幅风景图像，在属性面板中设定"宽"与"高"的值，坐标起始点X，Y分别设为0，并调整它的大小。

（2）在图层1之上插入一个"图层2"，再将"图层1"的第1帧导入的风景图像复制到图层2的第一帧。

（3）单击选中图层1的图像，把它转换为影片剪辑元件，名称为"图像1"。

（4）在"图像1"的影片剪辑的属性面板中，选择"颜色"列表框中的"亮度"选项，再将"图像1"的图像调暗，此时，亮度调为 −60%。

（5）在图层2图层之上创建一个"图层3"图层，在该图层创建一个圆形移动并逐渐变大的形状渐变动画（第1帧到第60帧），单击图层1的第60帧，按F5键。

（6）单击选中图层3图层，右击，选"遮罩层"，则图层3设置成遮罩层，图层2被设成被遮罩层。

【案例2】

卫星绕地球转

制作方法：

1. 创建两个元件

一个是地球元件，一个是卫星元件。

（1）将"库"面板中的影片剪辑元件"透明自转地球"拖拽到舞台的正中间。然后，单击选中"图层1"图层的第60帧单元格，按F5键，使第2帧到第60帧一样。如果库中没有"透明自转地球"的元件，可自制一个球，当作地球元件。

（2）创建一个名字为"卫星"的影片剪辑元件：用绘图工具绘制一个无边框、红色小球。

2. 制作动画

（1）双击图层1的名称，改名为地球，使图层1为地球图层。

（2）在地球层上插入一个图层。图层名称改为"卫星"，在卫星图层的第一帧，右击——"创建补间动画"。

（3）在卫星图层之上，插入一个"运动引导层"，用绘图工具中的椭圆工具，绘制一个无填充色，边框为黑色，笔触高度为2的椭圆。单击"橡皮擦"工具，在"运动引导层"的椭圆上擦除一个小缺口。

（4）单击卫星图层的第一帧，把卫星元件移到运动引导层椭圆的起点，单击第60帧

——右击——插入关键帧。把卫星移到椭圆的终点。

（5）单击运动引导层的第一帧，选中椭圆图形——单击工具栏上的"复制"按钮，复制椭圆图形。

（6）单击"地球"图层，插入一个图层，图层名称为"运动轨迹"，在舞台上右击——"在当前位置粘贴"。

（7）单击"运动引导层"，单击"插入图层"按钮，在"运动引导层"之上插入一个图层，名称改为"地球1"，单击第一层的"地球"层的第一帧，复制地球，再单击新插入的图层，在舞台中右击——"在当前位置粘贴"。

（8）在"地球1"之上插入一个新图层，用绘图工具栏中矩形工具绘制一个矩形，使矩形能覆盖地球的上半部分，右击矩形的图层名——"遮罩层"。

动画的时间轴如图 8 - 2 所示。

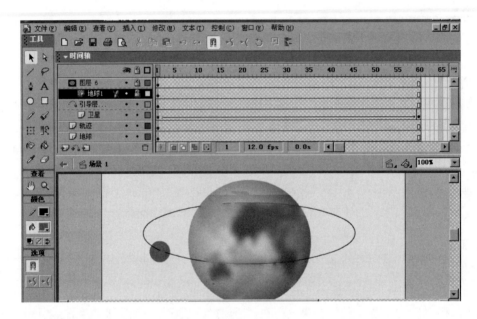

图 8 - 2

【案例3】

字幕的逐渐移动

制作方法：

（1）双击"图层1"的名称，改名为"图片"，单击第一帧，"文件"——"导入"，导入一张图片。

（2）单击时间轴的"插入图层"按钮，在"图片图层"之上，插入一个图层2，用鼠标把"图层2"拖拽到"图片"图层之下，并双击"图层2"的名称，改名为"字幕"。

（3）单击字幕图层的第一帧，单击绘图工具栏的"文本"工具按钮，在属性面板中选择字体为"华文行楷"，字体大小为"30"，在舞台中，图片的下方，输入字幕中的文字。

（4）单击字幕图层的第一帧，右击——"创建补间动画"，单击第 40 帧，按 F6 键，插入一个关键帧。同时，把字幕的文字移到舞台的上端，使字幕图层形成移动动画。

（5）单击选定字幕图层为当前图层，单击时间轴的"插入图层"按钮，在"字幕图层"之上，插入一个图层3，双击"图层3"的名称，改名为矩形遮罩。单击绘图工具栏中矩形工具按钮，在图片的下方绘制一个矩形。

（6）右击"矩形遮罩"图层名称——"遮罩层"，使"矩形遮罩"图层成为"遮罩层"，而字幕图层成为被遮罩层。

时间轴图形如图 8 – 3 所示。

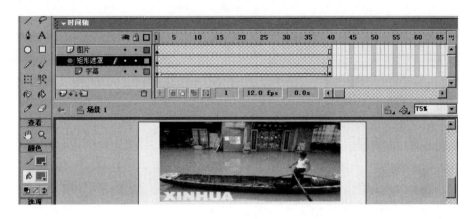

图 8 – 3

【案例 4】

杯中牛奶逐渐增加

1. 制作水杯元件

（1）"插入"——"新建元件"——元件类型为"图形"，名称为奶杯，——"查看"——"网格"——"显示网格"。

（2）设置线粗为2个点，颜色为黑色，设置无填充色，利用工具箱中的椭圆工具、钢笔工具和箭头工具，绘制杯子的轮廓线，如图 8 – 4 所示。

（3）单击"窗口"——"混色器"，在"混色器"面板中，"填充风格"下拉列表框中选择"线性"，设置填充色为"灰色、白色到灰色"，单击工具箱中"颜料桶"工具，再单击杯子的内外来填充。

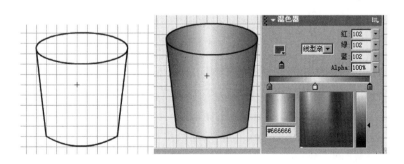

图 8 – 4

2. 制作动画

（1）切换到场景中，从"修改"——"文档"——背景为"黄色"。从"库"中把奶杯拖入舞台中，单击奶杯，按 Ctrl + B 组合键把奶杯打散，用箭头工具框选杯子的下半部分，按住 Ctrl 键，同时拖动鼠标，拖出"半个杯子"，此时把半个杯子用白色填充，并选定"半个杯子"，按 Ctrl + G 组合键来组合。

（2）再用箭头工具框选原来打散的奶杯，并按 Ctrl + G 组合键来组合。再把组合的白色的半个杯子移到奶杯上，覆盖奶杯的下半部分。双击图层 1 的名称，改为"奶杯"图层，如图 8 – 5 所示。

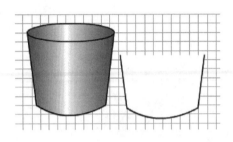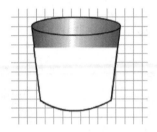

图 8 – 5

（3）在"奶杯图层"之上插入一个图层 2，双击图层 2，改为"矩形遮罩"。用矩形工具在舞台中画出一个有填充色的矩形，按 Ctrl + G 键组合该矩形，调整矩形的位置到杯子底部。单击第 30 帧，插入一个关键帧，调整矩形的位置到能盖住白色牛奶。单击矩形遮罩图层的第一帧，右击——"创建补间动画"。右击"矩形遮罩"图层的名称——"遮罩层"。

（4）在奶杯图层的下方插入一个图层，名称为"空奶杯"，从库中把奶杯拖到舞台中，如图 8 – 6 所示。

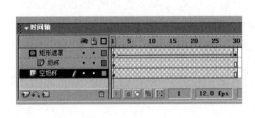

图 8 – 6

【案例 5】

图片的水波纹倒影

动画描述：

"图片的水波纹倒影"动画显示出一幅图片和它在水中的倒影，倒影在水中荡漾。

1. 创建动画使用的 3 个元件

图片 1 元件、图片倒影元件、矩形遮罩元件。

（1）创建"图片1"元件。①单击选中"图层1"图层的第一帧，导入一幅图片，并调整它的大小（水平宽约为240个点）与位置，使它在舞台工作区的上半部分。如果该图片的背景色不是白色或透明色，则应将它处理为透明色。关于图片透明色的处理，可把图片打碎，用工具箱中的"套索工具"，在其选项区中单击"魔术棒"按钮，鼠标移到图片的白色区域单击鼠标，并按 Delete 键删除，处理完白色区域后，选中图片，按 Ctrl + G 键组合。②选中图片图像，右击——"转换为元件"，类型为"图形"，名称为"图片1"。

（2）创建图片倒影元件。①将"图片1"元件从库中拖拽到舞台工作区中，选中该元件实例，再单击"修改"——"变形"——"垂直翻转"，将图片图像垂直翻转。②选中倒影——单击"窗口"——"变形"，调出变形面板，倾斜设置为 -170，使倒转的图片略微向左倾斜，如图 8 - 7 所示。③调出属性面板，设置倒转图片的 Alpha 的值（65%），使倒转的图片略微变淡一些，从而形成倒影图像。④右击倒影图片——"转换为元件"，类型为"图形"，名称为"图片倒影"。

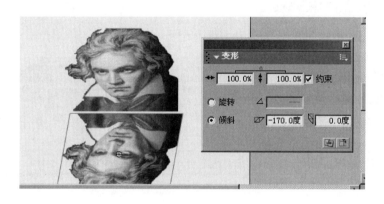

图 8 - 7

（3）创建矩形遮罩元件。"插入"——"创建新元件"，类型为"图形"，名称为"矩形遮罩"，单击绘图工具中的矩形工具按钮，在工作区中绘制一个长大约210个点的蓝色矩形条。

2. 制作图片倒影的第一个水波纹动画

（1）在图层1之上插入一个图层，名称为"图片倒影"，从库中将"图片倒影"元件拖拽到舞台中，与图层1中的倒影重合，然后，按5次光标移动键，使倒影图像向左移动5个点，单击选中"图片倒影"图层的第26帧，按F5键，使第一帧的图像保持到第26帧。

（2）单击选中图层1的第26帧，按F5键，使第一帧的图像保持到第26帧。

（3）在"图片倒影"图层之上插入一个图层，名称改为遮罩。将"矩形遮罩"元件从库中拖拽到舞台中，并将它移到倒影图像的上部。

（4）单击选中蓝色矩形条，单击"窗口"——"信息"，设置"H"文本框输入"2"。

（5）单击选中遮罩图层的第26帧，按F6键，再创建第1帧到第26帧的移动动画。

单击第 26 帧，将该帧的矩形条移到倒影图片的下部，并向左移动一些，然后，调出信息面板，调整矩形条的高度为 12 个像素。

（6）右击遮罩图层的名称——"遮罩层"，使"图片倒影"图层成为被遮罩层。

3. 制作倒影的其他水波纹动画

（1）将"图片倒影"图层和遮罩图层的 26 帧选中，在选中的帧上右击，右击——"复制帧"。

（2）在遮罩图层之上创建 12 个图层，即图层 4 到图层 15。

（3）按 Shift 键，单击图层 4 和图层 5 的第一帧，同时选中他们，右击——"粘贴帧"，如果有多余的帧可把它删除。按照上述方法，将其余的图层也粘贴同样的内容。

（4）选定图层 4 和图层 5，将鼠标移到图层 4 的第一帧，向右拖动，将第一帧和第 26 帧右移 8 个单元格。其他层，依次类推，时间轴图形如图 8 - 8 所示。

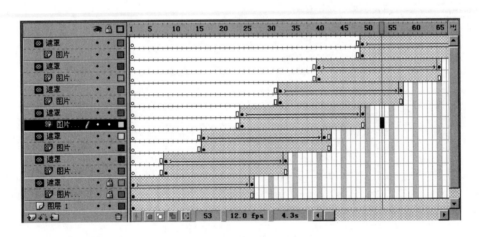

图 8 - 8

【案例 6】

冉冉升起的红旗

制作步骤：导入一幅图片作为背景，绘制旗杆和五星图案，利用遮罩功能，制作旗帜飘动的动画效果。导入国歌，制作旗帜随音乐升起的效果。

1. 添加背景图片

（1）在属性面板中，设置尺寸为 640 × 480。

（2）双击图层 1 的名称，改为"背景图片"。

（3）"文件"——"导入"，导入"天安门.jpg"，图片显示于舞台中央。

（4）单击绘图工具栏中的"任意变形工具"，在属性面板中，调整图片的大小，使其与舞台画面大小一样。

2. 绘制旗杆

（1）"插入"——"新建元件"——在名称框中输入文字"旗杆"，类型为"图形"。

（2）用工具箱中矩形工具，在属性面板中设置"笔触颜色"为无颜色，填充色为灰色，绘制一个竖直的细长矩形，用来表示旗杆。

（3）选择"窗口"——"混色器"，设置填充样式为"线性"，单击渐变色滑竿左侧的颜色块，在下方取色区中选择白色，单击右侧的颜色块，在下方取色区中选择蓝色，创建白蓝渐变色。

（4）单击工具箱中的"颜料桶"工具，为矩形填充白蓝渐变色，选中该矩形，按 Ctrl + G 键组合。

（5）单击"场景1"按钮，回到场景中，在"背景图片"图层上插入一个新图层，双击图层2名称，改为"旗杆"，从库中把"旗杆"元件拖到舞台右侧。

3. 绘制五角星（略）

4. 制作旗帜的飘动效果

（1）"插入"——"创建新元件"，名称为"飘动的旗帜"，类型为"影片剪辑"。

（2）在时间轴的左侧，双击图层1的名称，改为"旗帜"。

（3）利用绘图工具栏上的"矩形工具"按钮，绘制一个无边框的红色矩形，单击箭头工具，分别将鼠标指针移到矩形的上底和下底，拖动鼠标调整矩形的形状。

（4）选中该矩形，按 Ctrl + G 键将其组合；按住 Ctrl 键的同时，用鼠标向右拖动该图形，复制出一个相同的图形，选择"修改"——"变形"——"垂直翻转"，将复制的图形翻转，调整图形位置，如图 8 - 9 所示。

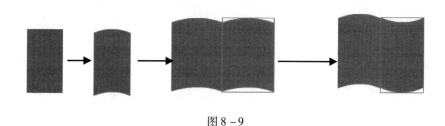

图 8 - 9

（5）框选这两个图形，按 Ctrl + G 键将其组合；按住 Ctrl 键的同时，用鼠标向右拖动该图形，复制出一个相同的图形；框选这两个图形，按 Ctrl + G 键将其组合，如图 8 - 10 所示。

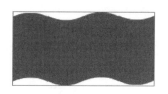

图 8 - 10

（6）单击插入图层按钮，在"旗帜"层上新建一个图层，双击图层名称，改为"矩形遮罩"。

（7）单击"矩形遮罩"图层的第一帧，绘制一个无边框的灰色矩形，其尺寸能正好覆盖图形右半部的旗帜图形。

（8）单击"旗帜"图层的第30帧，按F6键新建一个关键帧；单击"时间轴"面板下方的"编辑多个帧"按钮，继续单击"修改绘图纸标记"按钮，在弹出的菜单中，选择"绘制全部"命令，同时显示出第1帧和第30帧中的内容。

（9）在第30帧中，选中图形，按键盘上的向右方向键，直到图形左半部的旗帜图形与第1帧中图形右半部的旗帜图形完全吻合时，停止移动。

（10）单击"旗帜"图层的第1帧，在"属性"面板上，设置"补间"为"动作"，创建图形从左向右移动的动画。

（11）单击"矩形遮罩"图层的第30帧，按F5键延长帧；在该图层上右击——"遮罩层"，则其下的"旗帜"图层自动设为被遮罩层。

（12）单击"场景1"按钮，回到主场景中。

（13）在"旗杆"图层上新建一个图层，双击图层名，改为"五星红旗"；将"库"面板中的影片剪辑元件"飘动的旗帜"，拖动到旗杆的底端。

5. 添加国歌

（1）在"背景图片"图层上新建一个图层，取名为"国歌"；选择"文件"——"导入"，导入一首国歌歌曲。

（2）单击"国歌"图层的第1帧，在"属性"面板上，设置"声音"为"国歌"，"同步"设为"数据流"。

（3）鼠标移到"国歌"图层的第1帧上，按住Ctrl键的同时，向右拖动鼠标，延长帧的长度，直到国歌的声音波形消失时，停止拖动，此时帧的长度为596帧，如图8－11所示。

6. 制作旗帜升起动画

（1）单击"五星红旗"图层的第596帧，按F6插入一个关键帧，选中舞台上的五星红旗图形，拖到旗杆顶部，在第1帧处右击——"创建补间动画"。

（2）依次单击"背景图片"和"旗杆"图层的第596帧，按F5延长帧。

（3）在"五星红旗"图层的第596帧上右击——"动作"，添加一个动作语句"Stop（ ）;"

使动画不重新播放。

按Ctrl + Enter组合键，预览效果。

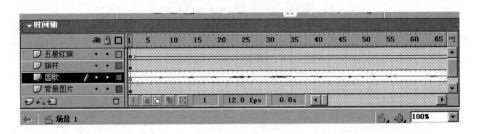

图8－11

制作技巧：

1. 在制作国旗五星图案时，先绘制出一个大五角星，然后将其复制出一个相同的五角星，并对它进行缩小和旋转，使它的一个角指向大五角星的中心；再旋转复制出另外3个小五角星，此时这些小五角星均有一个指向大五角星的中心，符合国旗五星图案的制作要求。

2. 制作旗帜飘动的动画效果，首先制作由两面旗帜拼合的图形，然后在遮罩层中绘制一个恰好能覆盖该图形右半部旗帜的矩形；最后在被遮罩层中制作拼合图形的移动动画，实现旗帜飘动的动画。

3. 在制作旗帜上升时，首先要导入国歌，并设置"同步"为"数据流"，延长帧的长度，直到能完全播放国歌；在制作旗帜上升时，在第一帧设置在国歌声开始处，而结束关键帧设置在国歌声结束处。

【案例7】

Flash 制作毛笔写字

要制作毛笔写字，需用到"运动引导层渐变"、"遮罩动画"。

制作方法：

（1）输入文字：单击工具箱中的"文本工具"，在图层1的场景中，输入"安阳电子"，在"属性"面板中，将字体设定为"行楷"，字号为"96磅"，单击"任意变形工具"可以将字再放大一点，并将图层1的图层名称改为"字"。

（2）制作毛笔元件：①"插入"——"新建元件"，名称中输入"毛笔"，类型中输入"图形"，"确定"。②单击工具箱中的"矩形工具"，画出笔杆，再用铅笔画出笔头并把笔头填充为黑色，选中笔头，单击工具箱中的"选项"中的"平滑"按钮，来平滑笔头。按 Ctrl + G 键将笔杆和笔头组合起来。③调整笔的中心：选定笔，单击"任意变形工具"，将笔的中心"O"拖到笔尖（这一步很重要，否则，就是用笔杆写字，而不是用笔尖写字）。

（3）将笔元件从库中拖到场景中：单击"字"图层，单击"插入图层"插入一个"图层2"，并把"图层2"改名为"笔"，并把笔元件从"库"中拖到场景中。并右击第一帧，选"创建补间动画"。

（4）绘制引导线：单击时间轴左下脚的"填加引导线图层"按钮，单击"铅笔"工具，沿着"安阳电子"这四个字的笔画画线（注意：引导线不能中断）。在第20帧插入一个普通帧。

（5）确定毛笔运动的起止位置：单击"笔"图层的第20帧，按F6插入一个关键帧。此时，再把实例"毛笔"从起始位置拖到引导线的终点位置。此时，按一下回车键，看一下毛笔是否按引导线运动，如果不是按引导线运动，就在第1帧到第20帧之间插入几个关键帧，让毛笔顺着轨迹线一个字一个字地调整，直到运动结尾的关键帧。

（6）作遮罩层：在"字"图层上方添加一个新图层，并命名为"遮罩"。单击遮罩层的第一帧，选取"刷子"工具，描出"笔"运动到这一帧时所经过的笔画的范围；再选择第2帧，按F6键，用刷子紧接着前一帧描出第2帧笔经过的范围。依次类推，直到这几个字描完，右击该"遮罩"图层，选"遮罩层"，如图8-12所示。

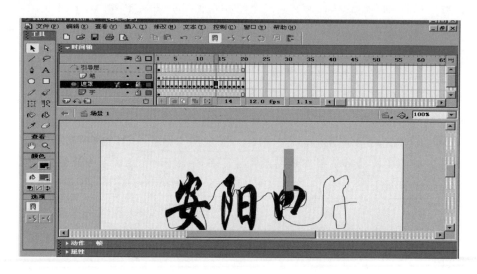

图 8 – 12

【案例8】

制作闪闪发光的五星

本例主要用到遮罩运动。

制作方法：

（1）创建一个红五星的"电影元件"，设置背景为黑色。"插入"——"新建元件"——名称为"五角星"，类型为"电影"，在舞台中绘制一个五角星（绘制五角星的方法同本书中所讲的方法）。

（2）创建一个"光线"的图形元件。"插入"——"新建元件"——名称为"光线"，类型为"图形"。①"查看"——"网格"——"显示网格"、"对齐网格"。②选择"直线工具"，在"属性"面板中设置直线的属性，粗细为6，线型为实线，颜色为黄色。在工作区中绘制一条直线，如图 8 – 13 所示。③用箭头工具单击选中直线，"修改"——"形状"——"将线条转换为填充"（这一步很重要，否则，线条不能作为遮罩），将矢量线转换为矢量图。④取消对直线矢量图的选择。用箭头工具拖动矢量图形的右边缘，使线条由左向右逐渐变细，如图 8 – 14 所示。⑤单击"任意变形工具"，拖动光线实例的中心点到舞台的中心点，使两个中心点完全重合，如图 8 – 15 所示。⑥"窗口"——"变形"——打开变形面板，在"旋转"中输入20度，并连续单击"复制并应用"按钮。用箭头工具选中舞台中所有对象，按 Ctrl + G 键组合，形成如图 8 – 16 所示。

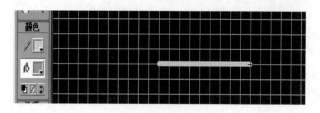

图 8 – 13

图 8 – 14

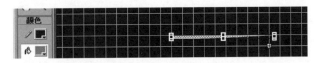

图 8 – 15

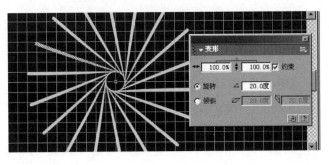

图 8 – 16

（3）制作光线的动画：①回到场景中，把光线元件从库中拖到舞台中间。单击"查看"——"标尺"，并拖出两条辅助线，以定位元件的中心。双击图层 1，改名为"光线"。②在光线图层之上插入一个新图层，命名为"反转光线"，从库中把"光线"元件拖到舞台中。选中该元件，"修改"——"变形"——"水平反转"，使两个元件实例中心对齐。在两个图层的第 20 帧分别按 F6，插入关键帧。并右击"反转光线"图层的第一帧——选"创建补间动画"，单击"属性"面板，在"旋转"框中选"顺时针"、"1 次"。右击"反转光线"图层的图层名称——"遮罩层"。

（4）按 Ctrl + Enter 组合键测试动画效果，如图 8 – 17 所示。

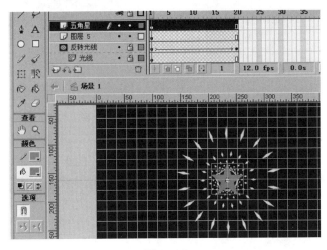

图 8 – 17

【案例9】

制作高山流水的效果

制作方法：

（1）设定舞台的大小："修改"——"文档"，"尺寸"中，"宽"为550，"长"为400。

（2）"文件"——"导入"，导入一幅"高山流水"的图片，如图8-18所示，单击"属性"面板，设定图片"宽"为550，"长"为400，坐标起始点 X=0，Y=0；选中舞台中的图片，"插入"——"转换为元件"，名称为"元件2"，行为为"图形"。

（3）双击图层1的名称，重命名为"背景"，并锁定图层1。

（4）在"背景"图层之上插入一个新图层，双击图层名，改名为"流水"，单击"背景"图层中的图片，右击，选"复制"。

（5）单击"流水"层的第一帧，按 Ctrl + Shift + V 组合键，就在原位置进行了粘贴。

（6）隐藏"背景"图层。

（7）分离流水：①单击流水层，选中舞台中的图片，并用 Ctrl + B 组合键，把图片打散。②单击"绘图"工具箱中的"套索"工具，在"选项"中，单击"魔术棒"，并适当设定"魔术棒属性"中的"限度"和"平滑"度，用"套索"工具选定不是水流的部分，按 Delete 键删除之，只剩下所有的水流部分。③全部选定水流部分，按 Ctrl + G 键组合，"插入"——"转换为元件"，名称为"元件5"，行为为"图形"。

流水图形如图8-19所示。

图8-18

图8-19 流水图形

（8）单击流水层中的流水元件，用向下的箭头光标移动键将其位置稍微向右下方移动一些。注意，只移动一点点，不能多移（也就是按向下的箭头光标移动键按两次）。

（9）在"流水"图层上插入一个图层"图层3"。单击工具箱中的"线条"工具，在属性面板中设定线粗为6，然后画出一些水平线，稍微弯曲一下线更好，选定这些线条，"修改"——"形状"——"将线条转换为填充"。选定这些线条，按 Ctrl + G 键组合，右击，"转换为元件"。单击第190帧，按 F6 键，插入一个关键帧，并调整线条元件的位置，向下移动。单击第1帧，右击，选"插入补间动画"。右击"图层3"，选"遮罩"。在图层1和图层2的第190帧，分别按 F5 键，来延长帧。

线条元件图形如图 8 - 20 所示。

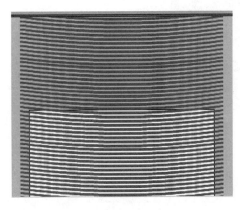

图 8 - 20

（10）按 Ctrl + Enter 组合键测试一下效果，若不合适可重新调节。

高山流水的时间轴图形如图 8 - 21 所示。

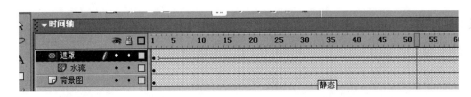

图 8 - 21　高山流水的时间轴图形

其实，上述案例也可以，在图层 1 导入一个图片，转化为元件；在图层 1 之上插入一个图层 2，把图片元件拖到图层 2，然后，按 Ctrl + B 组合键把它打散，用"套索"工具分离流水，选定流水，转换为流水元件；在图层 2 之上插入一个图层 3，画出矩形的线条，形成遮罩。

【案例 10】

荷花倒影与水波纹动画

制作方法：

1. 添加荷花图片

（1）启动 Flash，在"属性"面板中，单击"大小"按钮，设置"尺寸"为 640（宽）×480（高），调整作品播放的尺寸。

（2）选择"文件"——"导入"菜单命令，弹出"导入"对话框，选中图片文件"荷花图．jpg"，单击"打开"按钮，图片显示在舞台中央；利用"绘图"工具栏上的"任意变形工具"，将图片缩小一些，如图 8 - 22 所示。

（3）选中图片，按 Ctrl + B 键将其像素分离；取消对图片的选中状态；单击"绘图"工具栏上的"套索"工具按钮，在该工具栏下方的"选项"区中，单击"魔术棒属性"按钮，弹出"魔术棒设置"对话框，如图 8 - 23 所示。

图 8 - 22 图 8 - 23 "魔术棒设置"对话框

（4）在该对话框中，设置"阈值"为20，"平滑"为"正常"，单击"确定"按钮，设置"魔术棒工具"的属性。

（5）单击"魔术棒工具"按钮，将鼠标指针移到图片上的黑色区域单击，按 Delete 键删除；使用相同方法，将整个图片周围的黑色区域全部删除。

（6）选中该图片，按 F8 键，弹出"转换为元件"对话框，"名称"中输入文字"荷花"，"行为"为"图形"，"确定"，将图片转换为元件。

（7）将该图片拖动到舞台的中间，双击"图层1"的名字，将其改为"荷花"。

（8）在舞台空白处单击鼠标，取消对图片的选中状态；单击"属性"面板，将"背景"设置为"黑色"。

2. 制作荷花的水中倒影动画

（1）在"荷花"图层之上插入一个新图层，双击图层名称，将其改为"荷花倒影"；从库中把荷花元件拖到舞台中，使其与舞台中的图片重合；然后选定该图片，"修改"——"变形"——"垂直翻转"菜单命令，将图片垂直翻转；用鼠标将其拖动到原荷花图片的下方。

（2）单击"绘图工具栏"上的"任意变形工具"按钮，在荷花倒影图片上显示变形控制点；将鼠标指针移到下方中央的控制点上，按住 Alt 键的同时，向上拖动鼠标，以保持图片上底边位置不变，减小图片的高度，如图 8 - 24 所法。

图 8 - 24

（3）在"荷花倒影"图层之上新建一个图层，双击图层名称，将其改为"被遮罩的荷花倒影"；按 Ctrl + L 键，在弹出的"库"面板中，将"荷花"元件拖动到舞台中，垂直翻转图片，减小图片的高度，并使其与下层（"荷花倒影"图层）中的荷花倒影图片重合。

（4）单击该图片，在属性面板上，设置"颜色样式"为 Alpha（透明），Alpha 值为 80%，降低该图片的清晰度。

（5）在"被遮罩的荷花倒影"图层上新建一个图层，双击图层名称，将其改为"水波"；单击绘图工具箱中的"椭圆工具"按钮，在"属性"面板上，设置"笔触颜色"为无颜色，"填充色"为白色，在舞台画出一个大的椭圆图形。

（6）选中椭圆图形，选择"窗口"——"变形"，弹出"变形"面板；在该面板上，设置水平缩放和垂直缩放均为 80%，单击"拷贝并应用变形"按钮，复制出一个较小的椭圆。

图 8 - 25

（7）在"属性"面板上，设置"填充色"为橙色，为小椭圆填充橙色；单击舞台的空白区域，取消对小椭圆的选中状态；再次选中橙色椭圆，按 Delete 键将其删除，使大椭圆图形变成了圆环形状，如图 8 - 25 所示。

（8）选中圆环图形，在"变形"面板中，设置水平缩放和垂直缩放均为 70%，单击"拷贝并应用变形"按钮 2 次，复制出两个较小的椭圆环，单击绘图工具栏上的"箭头工具"按钮，框选这 3 个椭圆环，按 Ctrl + G 键将其组合。

（9）将椭圆环图形移到荷花图形的上方，单击"水波"图层的第 60 帧，按 F6 键新建一个关键帧，在该帧中将椭圆环图形拖动到荷花倒影图形的下方。

（10）单击"水波"图层的第 1 帧，在"属性"面板上，设置"补间"为"运动渐变"。

（11）分别单击"被遮罩的荷花倒影"、"荷花倒影"、"荷花"图层的第 60 帧 ，按 F5 键延长帧。

（12）在"水波"图层上右击，选择"遮罩层"，将该图层设置为遮罩层，其下层的"被遮罩的荷花倒影"图层自动设置为被遮罩层。

（13）按 Ctrl + Enter 键测试效果。

动画的时间轴图形如图 8 - 26 所示。

制作技巧：在制作荷花倒影动画时，"荷花倒影"图层与"被遮罩的荷花倒影"图层中的图片大小形状相同，但后者图层中图片的 Alpha（透明）值为 80%。需要特别注意的

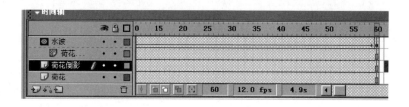

图 8 - 26

是，在制作后者图层中的荷花倒影图片时，不能将前者图层中的荷花倒影图片直接复制到后者图层中，而应该将"库"面板中的"荷花"元件拖动到舞台上，重新制作倒影图片效果，否则不能产生水波荡漾的动画效果。

在遮罩层中制作椭圆环图形从上向下移动的动画，并使其穿过荷花倒影图片（被遮罩层），使荷花倒影图片产生逼真的水波荡漾效果；用于制作水中倒影动画的遮罩图形，除了椭圆环之外，还可以绘制其他各种图形，如间隔的水平横条；用刷子工具绘制的间隔线段矩形等，将会产生不同的动画效果。

【案例11】

自制模拟流水

制作方法：

（1）启动 Flash，"修改"——"文档"，设置宽为800，高为600，"背景"选蓝色。

（2）制作"背景图片"的图形元件。①"插入"——"新建元件"，"名称"为"背景图片"，"行为"为"图形"。②单击"绘图工具栏"的矩形工具按钮，在舞台中画出一个矩形。再单击"线条"工具，在矩形中画出3个线段，分出两条渠岸路和一个水渠。再分别填充为棕色和蓝色。对于天空的颜色可设置为黄、蓝线性渐变的颜色，单击绘图工具栏上的"填充变形工具"按钮，调整天空的填充色为下黄上蓝，如图8 - 27所示。

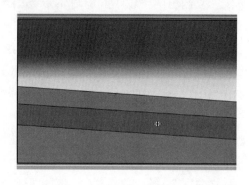

图 8 - 27

（3）回到场景中，"窗口"——"库"，打开"库"面板，把刚才制作的"背景图片"元件拖到舞台中，双击"图层1"的图层名称，改名为"背景图片"图层。

单击"属性面板"，设置"宽"为800，"高"为600，"X"为0，"Y"为0。然后单击该图层的"锁定"按钮，锁定该图层。

（4）制作"流水1"的图形元件。"插入"——"新建元件"，"名称"为"流水1"，"行为"为"图形"。单击工具箱中的"铅笔"工具，在"选项"中选"墨水"，单击属性面板，选"笔触宽度"为3，"笔触颜色"为白色，画出如图8-28所示的线段图形，回到场景中。

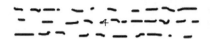

图8-28　线段图形

（5）制作"流水"的影片剪辑元件。①"插入"——"新建元件"，"名称"为"流水"，"行为"为"影片剪辑。"②从"库"中把"流水1"的图形元件拖到舞台中，单击图层1的第60帧，按F6插入一个关键帧，把"流水1"图形实例移到舞台右边，右击第1帧，选"创建补间动画"，这样就建立了从第1帧到第60帧的移动动画。③单击插入图层按钮，在图层1之上插入一个图层2，再从"库"中把"流水1"的图形元件拖到舞台左边，使该实例的右边挨着图层1第1帧实例的左边，单击第60帧，按F6键插入一个关键帧，把"流水1"图形实例移到舞台右边，使第60帧该实例图形的右边挨着图层1第60帧实例的左边。④单击插入图层按钮，在图层2之上插入一个图层3，单击工具箱中的矩形工具，画出一个正好覆盖流水1实例的矩形图形。右击"图层3"，选"遮罩"，用鼠标拖动图层1的名称的左边方块，向右上拖，使图层1也成为被遮罩层，如图8-29所示。

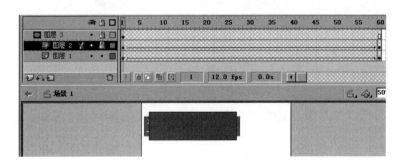

图8-29

（6）在"背景图片"图层之上插入一个新图层，双击图层名称改名为"流水影片剪辑"图层。从"库"中把"流水"的影片剪辑元件拖到舞台中的水渠内，并调整影片剪辑实例的角度，使之与水渠吻合。

（7）在"流水影片剪辑"图层之上插入一个新图层，双击图层名称改名为"流水声音"图层，单击"文件"——"导入"，导入一个声音文件。单击属性面板，在"声音"中选刚导入的声音文件，"同步"中选"事件"。

（8）按Ctrl+Enter键测试效果。

该动画的时间轴如图8-30所示。

图 8 – 30

【案例12】

横向卷轴动画

卷轴展开后，效果如图8-31所示。

图 8 – 31　横向卷轴展开效果

制作方法：

（1）设定舞台尺寸和背景："修改"——"文档"，设定舞台大小为550×400，背景为蓝色。"编辑"——"网格"，显示网格。

（2）制作轴元件："插入"——"新建元件"，名称为"轴内芯"，类型为"图形"，单击"矩形工具"，边框为"无填充"，内部为"深红色"，拖出一个矩形。

"插入"——"新建元件"，名称为"轴"，类型为"影片剪辑"，在"图层1"中，从"库"中把"轴内芯"元件拖到舞台中；在图层1之上插入一个"图层2"，单击"矩形工具"，边框为"无填充"，内部为"红到黑的线性渐变色"，"窗口"——"混色器"，设定红到黑的线性渐变，拖出一个矩形，作为轴的外芯，此时，轴元件已经完成，单击"场景1"回到主场景中，如图8-32所示。

图 8 – 32

（3）在图层 1 中，单击工具箱中的矩形工具，填充颜色为橘黄色，画一个矩形作为"画布"，双击图层 1 的名称，改为"布"，右击画布图形，转换为元件。

（4）在"布"图层之上，插入一个新图层 2，把图层 2 改为"字"，单击"文本"工具，单击"属性"面板，设定文本方向为竖排，输入"社会主义荣辱观"的文字内容。

（5）在"字"图层之上插入一个新图层，命名为"遮罩"，单击"矩形"工具，画一个矩形，并转换为元件，在第 40 帧插入一个关键帧，第一帧调整到最窄，并移动到布的中间，第 40 帧，调整矩形为最大，正好遮盖住"布"，右击第 1 到 40 帧之间，选"建立补间动画"，同时，延长"布"层和"字"层到 40 帧。

（6）在"遮罩"图层之上插入一个新图层，命名为"左轴"，从"库"中把元件"轴"拖到舞台中，并放到布的中间，右击第 40 帧，插入一个关键帧，并把轴移到布的左边。

（7）在"左轴"图层之上插入一个新图层，命名为"右轴"，从"库"中把元件"轴"拖到舞台中，并放到布的中间，右击第 40 帧，插入一个关键帧，并把轴移到布的右边。舞台上第一帧的图形如图 8 – 33 所示。

图 8 – 33

（8）右击"遮罩"图层名称，选"遮罩层"，再用鼠标拖拽"布"层名称的左边，向右上拖一下，使"布"层也成为被遮罩层。

此时时间轴如图 8 – 34 所示。

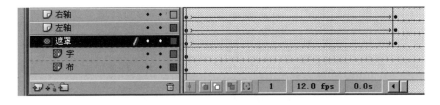

图 8 – 34

（9）按 Ctrl + Enter 键测试动画效果。

【案例13】

焰火晚会

动画效果：灿烂的夜空中，动态地燃放着绚丽多彩的焰火，好像一台焰火晚会。

制作方法：

（1）设定舞台尺寸和背景："修改"——"文档"，设定舞台大小为800×600。

（2）"文件"——"导入"，导入一个"焰火夜空"背景图片。双击图层1的名称，改为"背景"图层。选定背景图片，单击"属性"面板，设定图片的"宽"为800，"高"为600，坐标原点（"X"=0，"Y"=0）。

（3）制作"焰火条"的图形元件。"插入"——"新建元件"，名称为"焰火条"，类型为"图形"。单击"椭圆"工具，设定"笔触颜色"为"无颜色"，填充颜色为"绿色"或其他颜色。在舞台中拖出一个小椭圆，并调整为小长条，按住Alt键并拖动小长条来复制多个不同形状的小长条。对这些小长条进行缩放、变形，形成一个焰火条元件，如图8－35所示。

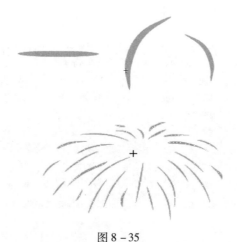

图8－35

（4）制作彩色圆环的图形元件。"插入"——"新建元件"，名称为"彩色圆环"，类型为"图形"。单击"椭圆"工具，设定"笔触颜色"为"无颜色"，单击"窗口"——"混色器"，设定"白，红，黄"的放射渐变填充。按住Shift键，同时在舞台中拖出一个正圆，如图8－36所示。

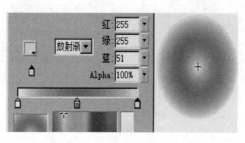

图8－36

（5）制作"动态焰火"的影片剪辑元件。①"插入"——"新建元件"，名称为

"动态焰火"，类型为"影片剪辑"。在图层 1 的第 1 帧，从"库"中把"彩色圆环"元件拖到舞台中心，右击第 30 帧，"插入关键帧"，此时，单击"任意变形工具"，再单击"彩色圆环"，拖动"彩色圆环"周围的控制柄，放大到能完全覆盖"焰火条"图形。右击第 1 至 30 帧之间，选"创建补间动画"。②在图层 1 之上插入一个新图层 2，把"焰火条"元件拖到舞台中心，使其中心与"彩色圆环"元件中心重合。右击第 30 帧，"插入关键帧"，此时，用光标移动键，向下移动"焰火条"图形大约 20 次。右击第 1 至 30 帧之间，选"创建补间动画"。③右击图层 1 的第 31 帧，选"插入空白关键帧"，再右击第 40 帧，选"插入空白关键帧"，在第 40 帧，从"库"中把"彩色圆环"拖到第 1 帧图形的左上部，按 Ctrl + B 键打散，用混色器设定成另一种颜色的放射渐变（如白，粉红，浅红），并填充。按 Ctrl + G 键组合该图形。右击第 70 帧，选"插入关键帧"，此时，把该"彩色圆环"图形放大。在第 40 帧至第 70 帧之间，建立补间动画。同理，建立第 80 帧到第 110 帧的另一种颜色"彩色圆环"的补间动画。④右击图层 2 的第 31 帧，选"插入空白关键帧"，再右击第 40 帧，选"插入空白关键帧"，在第 40 帧把"焰火条"元件拖到第 1 帧图形的左上部，使其中心与"彩色圆环"元件中心重合，右击第 70 帧，"插入关键帧"，此时，用光标移动键，向下移动"焰火条"图形大约 20 次。右击第 40 至 70 帧之间，选"创建补间动画"。同理，建立第 80 到第 110 帧"焰火条"的补间动画。⑤右击"图层 2"，选"遮罩层"。

动态焰火影片剪辑元件的时间轴图形如图 8 - 37 所示。

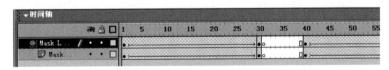

图 8 - 37　动态焰火影片剪辑元件的时间轴图形

（6）回到场景 1 中，在"背景"图层之上插入一个图层 1，从库中把"动态焰火"元件拖到舞台的左上部。

（7）在图层 1 之上插入一个图层 2，右击第 35 帧，插入一个空白关键帧，从库中把"动态焰火"元件拖到舞台的上部。

（8）同理，再插入两个图层，分别在第 65 帧和第 85 帧插入一个空白关键帧，分别把"动态焰火"元件拖到舞台的右上部和右下部，分别延长各层至 160 帧。

（9）按 Ctrl + Enter 键测试效果。

焰火晚会的时间轴图形如图 8 - 38 所示。

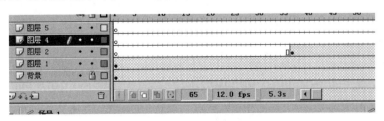

图 8 - 38　焰火晚会的时间轴图形

【案例 14】

变幻的百叶窗

动画的效果是：百叶窗的图像在不断地变换。

制作方法：

（1）设定舞台大小。"修改"——"文档"，设定为 550×400，设置显示网格和辅助线。

（2）制作"窗格"元件。"插入"——"新建元件"，类型为"图形"，名称为"窗格"。单击"椭圆工具"，按住 Shift 键，在舞台中拖出一个正圆。

首先单击"颜料桶"工具，从菜单"窗口"——"混色器"，选"位图"填充，从"文件"下"导入"一幅图像，单击"圆"的内部进行填充。再单击"填充变形"工具，在圆内部单击，然后拖动句柄，调整图像。

（3）制作"窗花1"元件，"窗花2"元件，"窗花3"元件，"窗花4"元件，"窗花5"元件。

打开"库"窗口，右击"窗格"元件，选"直接复制"，把复制后的元件右击，选"重命名"，命名为"窗花1"。同理，再复制出"窗花2"元件，"窗花3"元件，"窗花4"元件，"窗花5"元件。

修改"窗花1"元件。双击"窗花1"元件；"文件"——"导入"一幅图像，在"混色器"中，设定位图填充，单击"颜料桶"工具，对"窗花1"填充，再单击"填充变形工具"，调整图像。

同理，修改"窗花2"元件；"窗花3"元件；"窗花4"元件；"窗花5"元件，使它们成为不同图像的图形元件，如图 8-39 所示。

图 8-39

（4）制作"元件6"的"影片剪辑"元件。"元件6"是一个绿长条由宽变窄，再由窄变宽的形状渐变动画。

"插入"——"新建元件"——名称为"元件6"，"行为"为"影片剪辑"。单击"矩形"工具，设定边框为"无颜色"，填充色为"绿色"，拖拽出一个矩形条，右击第60帧，选"插入关键帧"。

右击第 30 帧，选"插入关键帧"。此时，单击选定第 30 帧上的矩形条，按住 Ctrl 键，鼠标拖动矩形条下方中间的小句柄，缩小矩形条成一条线。

单击第 1 至 30 帧之间的任一帧，在"属性"面板中，设定"补间"为"形状渐变"，同理设定第 30 到 60 帧之间的运动为"形状渐变"。

（5）制作"元件 7"的"影片剪辑"元件。"插入"——"新建元件"，类型为影片剪辑，名称为"元件 7"。

从"库"中把"元件 6"拖到舞台中，插入一个新图层，再从"库"中把"元件 6"拖到舞台中，使这两个实例图形纵向连接起来，依次类推，共插入 10 个图层，使这些图形纵向连接成一个大矩形，如图 8－40 所示。

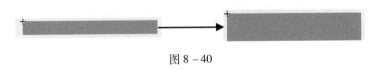

图 8－40

（6）单击场景 1，回到场景 1 中，在图层 1 的第 1 帧，从"库"中把"窗格"元件拖到舞台中央。

在图层 1 之上，插入一个新图层 2，从"库"中把"窗花 1"元件拖到舞台中，借助于辅助线，使"窗格"图形与"窗花 1"图形完全重合。

右击图层 2 的第 60 帧，选"插入空白关键帧"，从"库"中把"窗花 2"元件拖到舞台中，使"窗格"图形与"窗花 2"图形完全重合。

以此类推，分别在第 120 帧、第 180 帧、第 240 帧、拖入"窗花 3"、"窗花 4"、"窗花 5"。右击第 300 帧，按 F5 键，来延长帧。

（7）在图层 2 之上，插入一个新图层 3，从"库"中把"元件 7"的影片剪辑元件拖到舞台中，使它能完全覆盖"窗花 1"的图形。

右击"图层 3"的名称，选"遮罩层"。把"图层 1"延长到第 300 帧。

（8）按 Ctrl + Enter 键测试效果。

变幻的百叶窗时间轴图形如图 8－41 所示。

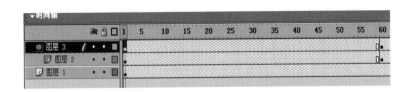

图 8－41　变幻的百叶窗时间轴图形

任务8.2　思考与实践

练习本项目中的案例。

帧帧动画

项目简介

帧帧动画是最基本的动画。本项目主要通过案例来说明帧帧动画的制作。

学习目标

◇ 理解帧帧动画的含义
◇ 掌握帧帧动画的制作方法
◇ 体会帧帧动画与其他动画结合制作高级动画的方法

项目分解

任务 9.1　帧帧动画的制作
任务 9.2　思考与实践

任务 9.1　帧帧动画的制作

9.1.1　任务描述

本任务是通过案例的应用，掌握帧帧动画的制作。

任务要点

◇ 理解帧帧动画的含义
◇ 掌握帧帧动画的制作方法
◇ 体会案例的技巧

9.1.2　知识准备

帧帧动画类似于传统的动画制作方式，它的每一帧都是关键帧，即每一帧都需要设计者绘制，它适合制作形状变化较大的动画。帧帧动画在每帧中使用单独的图画，因此逐帧动画比较适合于用来表现人物肢体动作、面部表情变化等需要细微改变的复杂动画。

【案例1】

动感太阳

我们要做一个能发光的太阳，给人一种闪闪发光的感觉。

（1）单击绘图工具箱中的"椭圆工具"，在"属性面板"中，设定笔触颜色为"金黄色"，粗细为"8"，边框线的样式为第七种样式，线型为"点状小竖线"；填充色为"红色"。按住 Shift 键，同时用鼠标在舞台中拖出一个圆。

（2）单击箭头工具，再单击选定红色的太阳，单击"任意变形工具"，用鼠标拖动来缩小红色的太阳，如图9-1所示。

 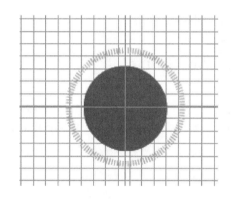

图9-1   图9-2

（3）单击第2帧，按 F6 键插入关键帧，在第3帧也插入关键帧。

（4）单击第2帧，使第2帧处于编辑状态，单击箭头工具，再单击太阳光线，单击任意变形工具，把太阳光线放大，如图9-2所示。适当调整光线及太阳的中心位置。

时间轴图形如图9-3所示。

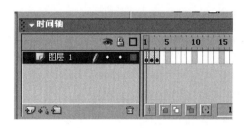

图9-3   时间轴图形

【案例2】

文字的逐帧动画

利用文字的逐帧动画，可以实现文字逐个显示的打字动画效果，还可以制作文字笔画逐一显示的动画效果（即模拟写字效果）。此类动画可以增强文字显示的动感效果。

打字动画的制作步骤：首先新建一个图层作为打字动画层，在第 1 帧中输入全部说明文字，然后按 F6 键插入一个关键帧，此关键帧与上一关键帧的内容相同，将说明文字的最后一个字删除；再继续插入关键帧，将说明文字的倒数第二个字删除；重复这样的步骤，直到将说明文字全部删除。最后将这些关键帧全部选中，右击，在快捷菜单中，选择"翻转帧"，使帧的播放顺序与原来删除文字的方向相反。

制作"红旗渠说明文字"打字动画。

1. 文字内容如下

举世闻名的"人工天河"红旗渠，是林州市人民自力更生、艰苦创业、劈山凿石、引漳入林的宏伟工程。

（1）"文件"——导入一幅图片。双击图层名称，改为"图片"图层。

（2）在"图片"图层之上，插入一个新图层，双击图层名称，改为"文字"图层。单击第 1 帧，再单击工具箱中的"文本工具"按钮，在舞台右侧按住鼠标不放，向右拖出一个矩形，生成固定列宽文本框。

（3）在"属性"面板上，设置字体为"华文行楷"，大小为 41，颜色为黑色，输入文字内容。

（4）按 F6 键，新建一个关键帧（第 2 帧），单击"绘图"工具栏上的"文本工具"按钮，在光标字符"—"前单击鼠标，按 Delete 键，将"。"删除；继续按 F6 键新建一个关键帧（第 3 帧），在光标字符"—"前单击鼠标，按 Delete 键，将"程"删除。依次类推，不断创建关键帧，不断删除最后一个字，直到文字被全部删除。

（5）单击"文字"图层，选中该图层上的所有帧，在选中的帧上单击鼠标右键，选"翻转帧"命令，将所有帧翻转。

（6）单击"图片"图层的与文字图层对应的最后一帧（第 45 帧），按 F5 键将帧延长帧。

2. 下面添加打字音效

（1）在"文字"图层之上插入一个新图层，双击图层名称，改为"打字音效"。

（2）单击"打字音效"图层的第 1 帧，选择"窗口"——"公用库"——"声音"——keyboard type sngl 声音元件，将其拖动到舞台上。

（3）单击"打字音效"图层的第 1 帧，在属性面板上，设置"同步"为"事件"，"循环"为"45"次（由于打字动画仅有 45 个关键帧），如图 9 - 4 所示。

图 9 - 4

（4）从声音属性面板上获得声音的播放时间为 0.2s（秒），将鼠标移到舞台的空白区域上单击，在属性面板上的"帧频"框中输入 5fps（1÷0.2＝5），即动画每秒钟播放 5 帧。

（5）单击"打字音效"图层的第 1 帧，在"属性面板"上单击"编辑"按钮，弹出"编辑封套"对话框，如图 9－5 所示。

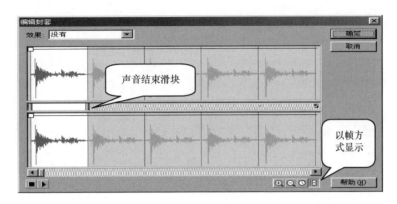

图 9－5 "编辑封套"对话框

（6）单击对话框右下角的"以帧方式显示"按钮，使中间的标尺以帧为单位显示；拖动"声音结束滑块"到第 1 帧结束的标记（小黑点）上，使声音播放时间与帧的播放时间完全吻合，即每一次按键音效与每一字符的显示同步，单击"确定"按钮，完成音效制作。

文字逐帧动画时间轴如图 9－6 所示。

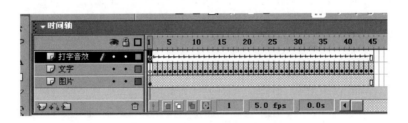

图 9－6 文字逐帧动画时间轴

【案例 3】

平抛运动渐显（留下轨迹）的轨迹线动画

1. 绘制小球元件

（1）"插入"——"新建元件"，类型为"图形"，名称为"小球"。用绘图工具箱中的椭圆工具，填充颜色为渐变立体红色，无边框，在舞台中拖出一个圆，形成一个小球元件。

（2）单击"场景"按钮，回到场景中。从"库"中把小球元件拖到舞台中。

（3）单击"查看"——"网格"——"显示网格"和"对齐网格"。

2. 制作小球平抛下落动画

（1）单击"时间轴"左下角的"添加运动引导层"按钮，在"小球"层上新建一个运动引导层"引导层：小球"。

（2）选中引导层的第一帧，单击"绘图"工具栏上的"线条工具"按钮，在属性面板中，设置"笔触颜色"为黑色，"笔触高度"为2，在舞台中绘制一条斜线，如图9-7所示。

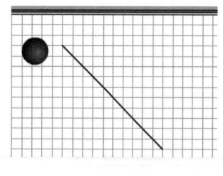

图9-7   图9-8

（3）单击"绘图"工具栏上的箭头工具，按钮，将鼠标指针移到斜线上，当鼠标指针变成弧形状时，拖动鼠标，将斜线改变成平抛曲线，如图9-8所示。

（4）单击"小球"图层的第1帧，右击——"创建补间动画"，单击小球图层的第31帧，按F6键插入一个关键帧，单击"小球引导层"图层的第31帧，按F5键插入一个帧来延长帧。

（5）单击"小球"图层的第1帧，把小球移到曲线的起始点，单击"小球"图层的第31帧，把小球移到曲线的终点。

（6）单击"小球"图层的第1帧，在属性面板中，设置"简易"为"-100"，选中"调整到路径"、"同步"、"对齐"选框。

3. 制作渐显的轨迹线动画

（1）单击"小球"图层，单击"插入图层"按钮，在小球图层之上建立了一个图层，双击图层名，改为"轨迹"图层，然后，把该图层，拖到"小球"图层的下方。

（2）选中舞台中的平抛曲线，按Ctrl+C键将其复制到剪贴板上；单击"轨迹"图层的第一帧，按Ctrl+Shift+V键，将复制的曲线在原位置上粘贴。

（3）分别单击"小球"和"引导层"的锁定列，把这两个图层锁定，然后再单击"引导层"图层的"眼睛"列，把这个图层"隐藏"。

（4）单击"轨迹"图层的第31帧，按F6键插入一个关键帧；单击该图层的第30帧，在"绘图"工具栏上，单击"橡皮擦"工具，将鼠标指针移到舞台上小球的下方的线条上，将多余的线条擦除；按F6键，将该帧转换为关键帧。

（5）方法同步骤（4），单击"轨迹"图层的第29帧，继续将小球下方的多余线条擦除，并按F6键，将该帧转换为关键帧。

（6）使用相同方法，在"轨迹"图层的各帧中，依次擦除小球下方的多余线条，再将各帧转换为关键帧，创建逐帧动画，时间轴如图9-9所示。

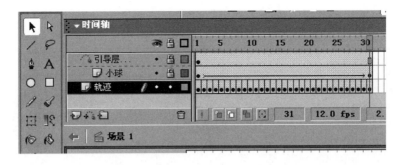

图 9 - 9

实际上,轨迹图形渐显的逐帧动画已经完成。为了使图形完整,下面再制作一个坐标轴动画。①在"引导层"上插入一个图层,双击该图层名称,改为"X 坐标轴";单击该图层的第 32 帧,按 F6 键新建一个关键帧;单击"轨迹"图层的第 32 帧,按 F5 键插入一个帧,来延长帧。②单击绘图工具栏上的"线条工具",在属性面板中设置"笔触颜色"为黑色,"笔触高度"为 2,在平抛曲线上方绘制一条水平线。③选中该曲线,按 F8 键,把水平线转换为图形元件。④单击"X 坐标轴"图层的第 52 帧,按 F6 键插入一个关键帧;单击"轨迹图层"的第 52 帧,按 F5 键延长帧。⑤单击"X 坐标轴"图层的第 32 帧,选中水平线,单击绘图工具栏上的"任意变形工具"按钮,将鼠标指针移到右侧控制点上,按 Alt 键的同时,向左拖动鼠标,保持水平线左侧端点不动,缩短水平线的长度。⑥单击该图层的第 32 帧,在属性面板上设置"补间"为"动作",选中"缩放"选项,创建水平线由短变长(从左到右)的动画效果。⑦单击该图层的第 53 帧,按 F6 键插入一个关键帧,在水平线右端绘制箭头,继续按 F6 键,在箭头图形右侧输入字母 X。⑧单击轨迹图层的第 55 帧,按 F5 键延长帧。⑨在"X 坐标轴"图层之上插入一个图层,双击图层名称,改为"Y 坐标轴"。⑩方法同前,绘制一条竖直直线(Y 轴),并将它制成由短变长(从下往上)的动画效果,动画帧从 55 帧到 75 帧。⑪单击轨迹层的第 78 帧,按 F5 键延长帧。

【案例 4】

扇形填充动画

制作方法如下:

(1)"查看"——"网格"——"显示网格"。

(2)单击工具箱中的"椭圆工具"按钮,在属性面板中设置,"笔触颜色"为黑色,无填充,在舞台中,按住 Shift 键的同时,拖出一个圆;单击"直线工具",以圆心为原点,画出两条坐标轴,再单击"文本工具",在两条坐标轴旁分别输入"X"和"Y"。

(3)单击"颜料桶工具",选择填充颜色为红色,单击第四象限的扇形图,将它填充为红色,如图 9 - 10 所示。

(4)单击第 4 帧,按 F6 键插入一个关键帧,并且在图形中,用直线工具画出第 1 条线;单击第 7 帧,按 F6 键插入一个关键帧,并且在图形中,用直线工具画出第 2 条线;单击第 10 帧,按 F6 键插入一个关键帧,并且在图形中,用直线工具画出第 3 条线;单击

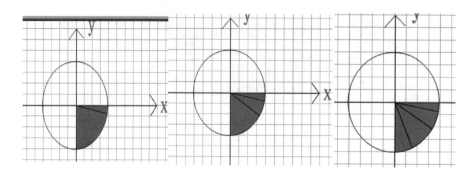

图 9 – 10

第 13 帧，按 F6 键插入一个关键帧。

（5）编辑各个关键帧上的图形。单击第 1 帧，把红色图形全删除（单击红色图形，按 Delete 键）；单击第 4 帧，把第一条线以下的红色图形删除（把黑线也删除）；单击第 7 帧，把第 2 条线以下的红色图形删除（把两条黑线也删除）；单击第 10 帧，把第 3 条线以下的红色图形删除（把三条黑线也删除）；单击第 13 帧，把三条黑线也删除。

如果在第 13 帧，增加一个动作语句"stop（ ）"，可以使它在第 13 帧停下来。

【案例 5】

类似毛笔写字（按笔画显示写字的动作，帧帧动画）

如图 9 – 11 所示，第一列字"秋天，这北国的秋天"，第二列字"迷人的季节"。

要求：逐字逐笔画显示。

图 9 – 11

制作方法：

（1）输入第 1 列字：单击"工具箱"中的文本输入工具，单击"属性"栏，选择字体为"华文行楷"，字的大小为 35，文本方向为"垂直方向，从左到右"，在舞台右侧单击，输入"秋天，这北国的秋天"，在"属性"栏中，选择字间距，适当调整字间距。

选择这一列字，按两次 Ctrl + B 键把这一列字打散。

（2）制作第 1 列字的逐笔画动画。大约每个笔画占两帧。①按 F6 键插入一个关键帧，把最后一个字"天"的最后半笔画，用工具箱中的橡皮工具擦除，再按 F6 键插入一个关键帧，把最后一个字"天"再擦除半笔画。②依次类推，按一次 F6 键插入一个关键帧，倒序擦除半笔画，直到把第 1 列字的第一个字的第一笔画擦除，此时，第一列字占用了 90 帧。③单击第一帧，同时按 Shift 键单击第 90 帧（本列的最后 1 帧），选择了这 90 帧，右击某帧，选"反转"帧，就实现了逐笔画显示，如图 9 - 12 所示。

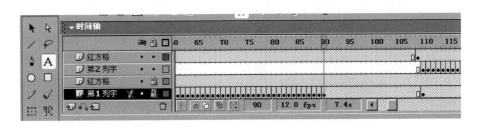

图 9 - 12

（3）制作第 2 列字的逐笔画动画。①在"第一列字"图层上插入一个新图层，单击第 110 帧，右击，选"插入空白关键帧"。②单击"工具箱"中的文本输入工具，单击"属性"栏，选择字体为"华文行楷"，字的大小为 35，文本方向为"垂直方向，从左到右"，在舞台右侧单击，输入"迷人的季节!"，在"属性"栏中，选择字间距，适当调整字间距。③选择这一列字，按两次 Ctrl + B 键把这一列字打散。④按照第一列字逐帧动画的方法，产生第 110 帧到第 160 帧的逐帧动画。

（4）单击第一图层的第 165 帧，按 F5 键延长到第 165 帧。

（5）按 Ctrl + Enter 键测试一下效果。

注意：在 Flash 中，没有类似文字编辑软件中的表格处理功能，可以利用"线条"工具，来绘制一个表格图形。如果要在表格图形上添加文字和图形，可以利用"对齐"面板中的对齐按钮，将这些内容对齐。

【案例 6】

鹰击长空（帧帧动画与运动引导层动画结合）

这是一个帧帧动画和运动引导层动画相结合的例子。

效果图如图 9 - 13 所示。

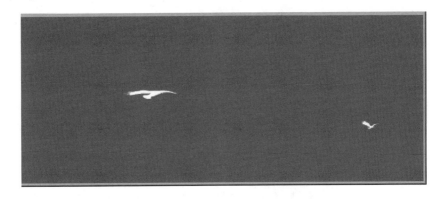

图 9 - 13　鹰击长空动画效果图

制作方法：

1. 启动 FLASH 之后

"修改"—"文档"，设定"背景"为蓝色，宽：500、高：200。

2. 制作大鹰的影片剪辑元件

（1）"文件"——"导入"，导入 3 幅大鹰飞行状态的图片或自己画出这 3 幅图片，分别选定这些图片，右击，转换为 3 个图形元件，如图 9 – 14 所示。

图 9 – 14

（2）"插入"——"新建元件"，行为为"影片剪辑"，名称为"大鹰"。在影片剪辑编辑窗口中，把库中的图形元件 1 拖到舞台中心，单击第 3 帧，右击，选"插入一个空白关键帧"，此时，再把库中的图形元件 2 拖到舞台中心；右击第 5 帧，选"插入一个空白关键帧"，再把库中的图形元件 3 拖到舞台中心；右击第 7 帧，选"插入一个空白关键帧"，再把库中的图形元件 1 拖到舞台中心；右击第 9 帧，选"插入一个空白关键帧"，再把库中的图形元件 2 拖到舞台中心；右击第 11 帧，选"插入一个空白关键帧"，再把库中的图形元件 3 拖到舞台中心。

（3）右击第 30 帧，选"插入一个空白关键帧"，再把库中的图形元件 1 拖到舞台中心。从第 11 帧到第 30 帧，主要是延长该飞行状态，显示大鹰的飞行特性。

3. 制作场景

（1）回到主场景中，双击图层 1 的名称，改为"大鹰 1"，把影片剪辑元件"大鹰"拖到舞台右侧。此时，单击选定元件实例，单击"属性"面板，在面板对话框的"颜色"中选"色彩"，选择"白色"，在"色彩数量"中选"100%"，目的是把大鹰变为白色。

在"大鹰 1"图层之上插入一个"引导层"，单击"绘图"工具箱中的铅笔工具，在"工具箱"的"选项"中选"平滑"。用铅笔工具在舞台中画出一条大鹰飞行的曲线。

右击图层"大鹰 1"的第 1 帧，选"创建补间动画"，在该图层的第 80 帧按 F6 键插入一个关键帧，这样，在第 1 帧和第 80 帧之间就形成了运动渐变。

（2）在第一个运动引导层之上插入一个新图层"图层 3"，双击图层 3 的名称，改为"大鹰 2"。右击第 62 帧插入一个空白关键帧，把库中的影片剪辑元件"大鹰"拖到舞台左侧，此时，单击选定元件实例，单击"属性"面板，在面板对话框的"颜色"中选"色彩"，选择"白色"，在"色彩数量"中选"100%"，目的是把大鹰变为白色。

在"大鹰 2"图层之上插入一个"引导层"，单击"绘图"工具箱中的铅笔工具，在"工具箱"的"选项"中选"平滑"。用铅笔工具在舞台中画出一条大鹰飞行的曲线。

右击图层"大鹰 2"的第 62 帧，选"创建补间动画"，在该图层的第 140 帧按 F6 键插入一个关键帧，这样，在第 62 帧和第 140 帧之间就形成了运动渐变。

（3）在第 2 个运动引导层之上插入一个新图层"图层 5"，双击图层 5 的名称，改为"大鹰 3"。右击第 102 帧插入一个空白关键帧，把库中的影片剪辑元件"大鹰"拖到舞台左上侧，此时，单击选定元件实例，单击"属性"面板，在面板对话框的"颜色"中选"色彩"，选择"白色"，在"色彩数量"中选"100%"，目的是把大鹰变为白色。

在"大鹰3"图层之上插入一个"引导层"，单击"绘图"工具箱中的铅笔工具，在"工具箱"的"选项"中选"平滑"。用铅笔工具在舞台中画出第3条大鹰飞行的路径。

右击图层"大鹰3"的第102帧，选"创建补间动画"，在该图层的第160帧按F6键插入一个关键帧，这样，在第102帧和第160帧之间就形成了运动渐变。

飞行路径图如图9-15所示。

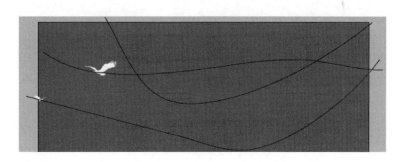

图9-15

该动画的时间轴如图9-16所示。

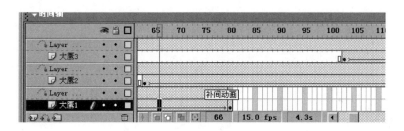

图9-16

（4）按Ctrl+Enter键测试效果。

任务9.2 思考与实践

练习本项目中的案例。

脚本语言与交互动画

项目简介

　　高级动画离不开编程技术，对动画中的对象进行控制就需要执行脚本语句编写的程序。本项目通过设置事件和设计动作，将动作语句添加到关键帧、按钮、和影片剪辑中，实现交互动画。通过多个案例的讲解，掌握脚本语言与交互动画的设置方法。

学习目标

◇ 掌握设置事件和设计动作的操作
◇ 掌握常用的动作指令
◇ 掌握帧交互的设置
◇ 掌握按钮的交互设置
◇ 掌握对影片剪辑的交互

项目分解

任务 10.1　设置事件与设计动作
任务 10.2　交互动画的设置
任务 10.3　思考与实践

任务 10.1　设置事件与设计动作

10.1.1　任务描述
本任务主要是设置事件和设计动作，通过案例，掌握动作语句的设置方法。

任务要点

◇ 了解事件与动作
◇ 掌握设置事件与设计动作的方法

◇ 掌握常用的动作指令

◇ 体会案例的设置技巧

10.1.2 知识准备

通过前面的学习，可以创建一些很酷的图形和动画了，然而 Flash 的真正魅力所在是交互式动画。交互式的动画可以使用户参与并控制动画。例如可以使用鼠标单击和按键等操作，使动画画面产生跳转变化或执行相应的程序，来控制这个对象的移动、变色、变形等一些特定任务，这就需要使用 ActionScript 编程技术。其实前面所举的例子中，已经使用 ActionScript 编程技术了。本节，简单介绍常用的 ActionScript 编程技术。

ActionScript 编程技术也采用面向对象的思想，采用事件驱动，以关键帧、按钮、影片剪辑实例为对象，来定义和编写 ActionScript。

ActionScript 与 Flash 动画紧密联系，动画会在 ActionScript 的指挥下，发生各种变化。

注意：添加了动作语句后，只有在按 Ctrl + Enter 键后，才能看到添加动作指令产生的效果。

(1) 事件与动作

交互式动画的一个行为包含了两个内容，一个是事件（Event），一个是事件产生时所执行的动作（Actions）。事件是触发动作的信号，动作是事件的结果。如播放指针到达某个关键帧、单击按钮、单击影片剪辑实例或按下某个按键等操作，都是事件。

动作是由一系列的语句组成的程序，因此动作可以有很多。最简单的动作是使播放的动画停止播放，或使停止播放的动画重新播放等。

事件的设置和动作的设计都是通过"动作面板"来完成。

(2) "动作"面板

"动作"面板有 3 种：①帧的"帧动作面板"。②按钮的"动作——按钮"面板。③影片剪辑实例的"动作——影片剪辑"面板。

1）调出动作面板的方法："帧动作面板"的调出方法：在时间轴的关键帧上单击鼠标右键，单击"动作"选单命令即可。

2）按钮的"动作——按钮"面板调出方法：在舞台工作区中的按钮上，单击鼠标右键，选"动作"。

3）影片剪辑实例的"动作——影片剪辑"面板调出方法：在舞台工作区中的影片剪辑实例上，单击鼠标右键，选"动作"。

在选中帧单元格、按钮或影片剪辑实例后，单击"窗口"——"动作"，可调出相应的动作面板。也可在选中帧单元格、按钮或影片剪辑实例后，直接单击舞台下方的"动作"面板，如图 10 - 1 所示。

(3) 设置事件和设计动作

1）设置帧事件与设计动作。帧事件就是当电影或影片剪辑播放到某一帧时的事件。注意：只有关键帧才能设置为事件。例如要求在第 20 帧时停止播放动画，那么就可以在第 20 帧处设置一个帧事件，它的响应动作就是停止动画的播放。

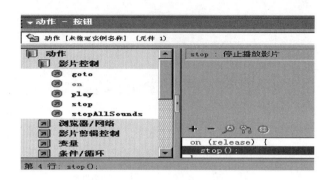

图 10 - 1

2）设置按钮、按键事件与设计动作。设置按钮事件的方法是在目标"on（ ）"语句为当前编辑语句时，在 Action 右边的参数设置项中选取。①单击（press）：当鼠标指针移到按钮之上，并单击鼠标左键时。②释放（Release）：当鼠标指针移到按钮之上，再松开鼠标左键时，这是按钮属性的默认状态。③释放离开（Release outside）：当鼠标指针移到按钮之上，并单击鼠标左键，不松开鼠标左键，将鼠标指针移出按钮范围，再松开鼠标左键时。④按键（key press）：当键盘的指定按键被按下时。按键的确定必须在其右边的文本框内输入按键的名称，也可以按要设定的按键（文本框内会自动显示出按键的相应名称）。⑤指针经过（roll over）：当鼠标指针由按钮外面，移到按钮内部时。⑥指针离开（roll out）：当鼠标指针由按钮内部，移到按钮外面时。⑦拖放经过（drag over）：当鼠标指针移到按钮之上，并单击鼠标左键，不松开鼠标左键，然后把鼠标指针拖拽出按钮范围，接着再拖拽回按钮之上时。⑧拖放离开（drag out）：当鼠标指针移到按钮之上，并单击鼠标左键，不松开鼠标左键，然后把鼠标指针拖拽出按钮范围。

可以同时选中多个选项，这样在这几个事件中的任意一个发生时，都会触发动作的执行，如图 10 - 2 所示。

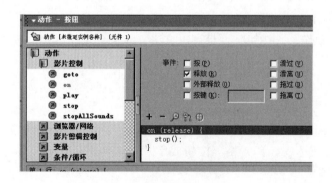

图 10 - 2

3）设置影片剪辑实例的事件与设计动作。将一个影片剪辑元件从"库"中拖到舞台时，即完成了一个影片剪辑的实例化。通常将这个对象叫作影片剪辑实例。在舞台上的影片剪辑实例是可以通过鼠标、键盘、帧等的触发而产生事件的，并通过事件来执行一系列动作（即程序）。

鼠标指针移到舞台中的影片剪辑实例上面，右击鼠标，选"动作"，可调出"动作"面板。

当"动作——影片剪辑"面板命令选择区的一个命令拖拽到程序编辑区时，Flash 会自动在命令上添加一个影片剪辑事件句柄："onClipEvent（ ）"。单击选中它后，会在"动作——影片剪辑"面板的参数设置区内增加一些选项，他们的含义如图 10 - 3 所示。

图 10 - 3

①加载：当影片剪辑元件下载到舞台中的时候产生事件。②导入帧：当导入帧的时候产生事件。③卸载：当影片剪辑元件从舞台中被卸载的时候产生事件。④鼠标向下：当鼠标左键按下时产生事件。⑤鼠标向上：当鼠标左键释放时产生事件。⑥鼠标移动：当鼠标在舞台中移动时产生事件。⑦向下键：当键盘的某个键按下时产生事件。⑧向上键：当键盘的某个键释放时产生事件。⑨数据：当 LoadVariables 或 LoadMovie 收到了数据变量时产生事件。

（4）常用的动作指令

1）fscommand（ ）指令。格式：fscommand（command，arguments）

功能：它是 Flash 系统用来支持它的应用程序（指可以播放 Flash 电影的应用程序）互相传达指令的工具。

参数 command 是指令字，参数 arguments 是指令字的参数，如表 10 - 1 所示。

表 10 - 1　　　　　　　　　　　　　　指令字对应的参数设置

命令	参数	使用说明
quit	不填	关闭动画，推出播放程序
fullscreen	True/false	设置 true，则全屏播放，设置 false 后，则回到窗口播放模式
showmenu	True/false	设置 true 后，在播放器窗口中单击右键，将显示动画控制选单，否则，不显示控制选单

如在第 1 帧（关键帧）设置"停止"及"全屏显示"，如图 10 - 4 所示。

2）stop 和 play 指令。①stop（ ）：停止当前动画的播放。②Play（ ）：如果当前动画停止播放，而且动画并没有播放完时，继续接着播放。

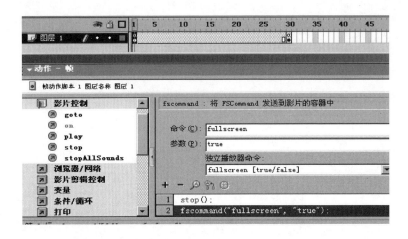

图 10 – 4

3）gotoAndPlay 和 gotoAndStop 指令。①gotoAndPlay（［scene,］frame）：这条指令指定从某个帧开始播放动画，参数 scene 是设置播放的帧所在的场景，如果省略 scene 参数，则默认当前场景；参数 frame 是指定播放的帧。②gotoAndStop（［scene,］frame）：是指定转到某个帧并停止播放动画。

4）nextFrame 和 prevFrame 指令。①nextFrame（　）功能：播放下一帧，并停在下一帧。②prevFrame（　）功能：播放上一帧，并停在上一帧。

5）nextScene 和 prevScene 指令。①nextScene（　）功能：动画进入下一场景。②prevScene（　）功能：动画进入上一场景。

6）stopAllSounds 指令。功能：停止当前动画所有声音的播放，但是动画仍然继续播放。它不含参数。

7）getproperty 指令。格式：getproperty（instancename，property）；用来得到影片剪辑实例属性的值。参数 instancename 是影片剪辑实例的名称，参数 property 是影片剪辑实例的属性名称。

8）setproperty 指令。格式：setproperty（target，property，expression），用来设置影片剪辑实例的属性。

（5）影片剪辑对象

影片剪辑本身就是一个对象，可以将影片剪辑实例当作一个独立的动画，加以控制。例如：在主场景舞台工作中，有一个影片剪辑实例"Mc1"，利用下面的 movieClip 对象的方法将会独立控制这个影片剪辑实例。例如：控制影片剪辑实例的播放 Mc1. play（　）。

设置当前影片剪辑实例名称为"Mc1"。"Mc1"对象的方法介绍如下：

1）Mc1. gotoAndPlay（frame）：跳转到指定帧并播放。参数 frame 用来设置从第几帧开始播放。

2）Mc1. gotoAndstop（frame）：跳转到指定帧并停止播放。参数 frame 用来设置跳转到的帧号。

3）Mc1. nextFrame（　）：播放下一帧。

4）Mc1. play（ ）：播放当前动画对象，播放到动画的最后时，跳回动画的开始部分继续播放。

5）Mc1. prevFrame（ ）：播放前一帧。

6）Mc1. stop（ ）：停止播放当前动画对象。

7）Mc1. startDrag（［lock，left，right，top，bottom］）；开始拖拽影片剪辑实例"MC1"。lock，参数是是否以锁定中心拖拽，参数 left，right，top，bottom 是拖拽的范围。在［ ］中的参数是可选项。

8）Mc1. stopDrag：停止拖拽。

9）Mc1. removeMovieClip（ ）：删除用 duplicateMovieClip 创建的影片剪辑实例。

10.1.3　任务实现

【案例1】

控制两球相撞

两个小球水平向内移动，相碰撞后再向相反的方向水平移动到原来的位置。画面中有两个按钮，单击右边的按钮或按"T"键，使动画暂停播放；单击左边的按钮或按"A"键，可使动画重新播放，画面如图 10 – 5 所示。

图 10 – 5

（1）单击"文件"——"新建"。

（2）先创建一个"小球"的"图形"元件。再创建一个名称为"两球相撞"的"图形"元件，在其内制作两个小球水平碰撞的动画（有 40 帧）。

小球相撞的图形元件的时间轴如图 10 – 6 所示。

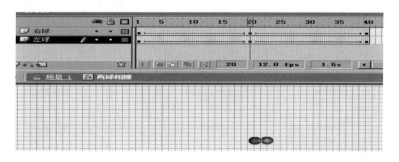

图 10 – 6

（3）回到原场景，将"库"面板中的"两球相撞"图形元件拖拽到舞台工作区内，再单击选中第 40 帧单元格，按 F5 键，使动画有效。注意，必须延长到 40 帧。对于"动画"的图形元件，必须与原动画帧数相同。否则，不能完成动画效果。

（4）在"两球相撞"图层之上插入一个"按钮"图层，把"公用库"面板中的"Key Buttons"文件夹下的"Key – Right"按钮和"Playback"文件夹下的"gel stop"按钮分别拖拽到舞台工作区内，再分别输入"暂停"和"播放"文字。

（5）分别右击两个按钮，选"动作"，调出"动作"面板，如图 10 – 7 所示。

（6）在标准模式下，双击动作面板左边"命令"选择区内的"stop"命令，或者用鼠标拖拽"stop"命令到右边"程序编辑区"内，这时"程序编辑区"内会显示相应的程序。

```
on （press, keyPress " T"） {
    stop （   ）;
}
```

图 10 – 7

（7）仿照（6）的方法给"播放"按钮添加如下图程序，如图 10 – 8 所示。

```
on （press, keyPress " A"） {
play （   ）;
}
```

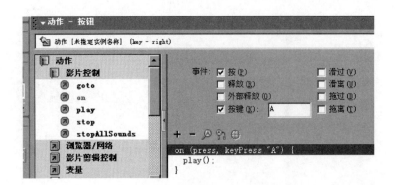

图 10 – 8

【案例 2】

控制影片剪辑的交互（控制两球相撞）

本例实际是把实例 1 中的图形元件，改制成影片剪辑元件，用控制影片剪辑的方法来实现。

（1）制作一个"两球相撞"的影片剪辑元件。单击"文件"——"新建"。先创建一个"小球"的"图形"元件。再单击"文件"——"新建"，"名称"为"两球相撞"，"行为"为"影片剪辑"，单击"确定"按钮，创建一个名称为"两球相撞"的"影片剪辑"元件，在其内制作两个小球水平碰撞的动画（有40帧）。影片剪辑的时间轴图形如图10-9所示。

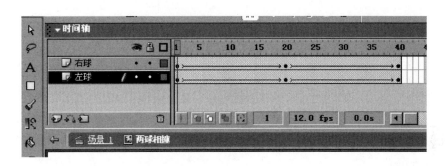

图 10-9

（2）把"两球相撞"影片剪辑元件拖到舞台工作区中，单击"属性"面板中"影片剪辑实例名称"为"aa"，双击"图层1"的名称改为"两球相撞"。

（3）在"两球相撞"图层之上，插入一个图层，双击"图层2"改为"按钮"图层；把"公用库"面板中的"Key Buttons"文件夹下的"Key-Right"按钮和"Playback"文件夹下的"gel stop"按钮分别拖拽到舞台工作区内，再分别输入"暂停"和"播放"文字。

（4）分别右击两个按钮，选"动作"，调出"动作"面板。

（5）在专家模式下，分别设置按钮的 Action 语句为：

播放按钮为：on（release）{

    aa. play（　）;

    }

暂停按钮为：on（release）{

    aa. stop（　）;

    }

（6）按 Ctrl + Enter 键测试放映效果。

【案例 3】

制作下雨的效果

效果如图10-10所示：雨越下越大，小鸟在雨中飞行。

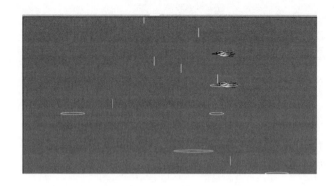

图 10 – 10　下雨的动画效果

制作方法：

（1）"修改" ——"文档"，设定影片大小，"宽"为 640，"高"为 480，背景色为灰色。

（2）制作一个一个雨滴下雨的影片剪辑元件。①"插入"——"新建元件"，名称为"drop"，行为为"影片剪辑"，"确定"。②在图层 1 中，单击工具箱中的"线条"工具，在舞台中画一个短竖线，颜色为"白色"，单击第 20 帧，按 F6 键插入一个关键帧，此时把短竖线移到屏幕下端，再单击第 1 帧，单击"属性"面板，设定"补间"为"形状渐变"。单击第 21 帧，"插入"——"空白关键帧"，插入一个空白关键帧，单击工具箱中的"椭圆"工具，设置为线颜色为"白色"，无填充效果，在雨点落地的地方画出一个小椭圆。单击第 35 帧，按 F6 键插入一个关键帧，此时把小椭圆变大。再单击第 1 帧，单击"属性"面板，设定"补间"为"形状渐变"。③此时一个雨点下降过程的影片剪辑元件就做好了，回到主场景中。

（3）把库中的"drop"影片剪辑元件拖到舞台的上方，单击选定该影片剪辑实例，再单击"属性"面板，在"实例名称"框中，设定实例名称为"drop"。

（4）在图层 1 之上插入一个图层 2，作为 Action（动作语句）图层，右击图层 2 的第 1 帧，单击"动作"，调出动作面板，在"专家模式"下，输入 paly（　）。

单击第 2 帧，"插入"——"空白关键帧"，插入一个空白关键帧，右击图层 2 的第 2 帧，单击"动作"，调出动作面板，在"专家模式"下，输入

duplicateMovieClip（"/drop"，"drop" add i，i）；
//调用影片
setProperty（"drop" add i，_x，random（600）+10）；
//定义 x 的值
setProperty（"drop" add i，_y，-（random（300）））；
//定义 y 的值
i = i+1；
//定义雨的密度
if（i == 30）{

```
        i = 1;
    }
```

（5）单击第20帧，"插入"——"空白关键帧"，插入一个空白关键帧，右击图层2的第20帧，单击"动作"，调出动作面板，在"专家模式"下，输入 gotoAndplay（1）；再把图层1延长到第20帧。

（6）在图层2之上插入一个新图层，用前面例子作过的小鸟飞的动画导入到一个新影片剪辑元件里，制成一个小鸟飞的影片剪辑元件，把该元件拖到舞台中，并延长到第20帧。

（7）按 Ctrl + Enter 测试一下效果。

下雨动画的时间轴图形如图10-11所示。

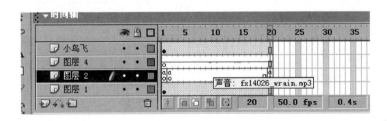

图 10-11

【案例4】

制作时钟效果

该动画按照电脑时钟的时间变化来模拟一个时钟，如图10-12所示。

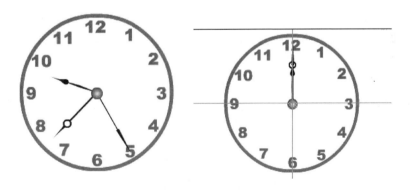

图 10-12

制作方法：

（1）制作三个影片剪辑元件，分别表示时针、分针和秒针。如制作时针影片剪辑元件："插入"——"新建元件"，在新建元件对话框中，名称为"hourhand"，行为为"影片剪辑"。

单击绘图工具箱中的"线条"工具和椭圆工具，在舞台中绘出时针图形，如图10-13所示。

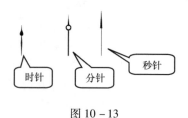

图 10 – 13

同理，制作出分针和秒针的影片剪辑元件。

注意：三个影片剪辑元件的中心要调整到下端。

（2）单击"查看"——"辅助线"，拖出两条辅助线，来确定表的中心。 "文件"——"导入"，来导入一个表盘的图片（也可以自己绘制一个表盘图片）。双击"图层1"名称，改名为"表盘"。调整表盘的中心与辅助线中心重合。

（3）在表盘图层之上插入一个"图层2"，把"秒针"影片剪辑元件从库中拖到舞台中，方向指向12点。单击"属性"面板，在"实例名称"框中输入"secondHand"。

（4）在秒针图层之上插入一个"图层3"，把"分针"影片剪辑元件从库中拖到舞台中，方向指向12点。单击秒针实例，单击"属性"面板，在"实例名称"框中输入"minuteHand"。

（5）在分针图层之上插入一个"图层4"，把"时针"影片剪辑元件从库中拖到舞台中，方向指向12点。单击"属性"面板，在"实例名称"框中输入"hourHand"。

（6）在时针图层之上插入一个"图层5"，双击"图层5"改为"动作"图层。单击绘图工具中的椭圆工具绘制一个小圆作为转轴。右击第一帧，选"动作"，在动作框中输入如下语句：

myDate ＝ new Date （ ）；

hourHand. _ rotation ＝ myDate. getHours （ ） ＊30 ＋（myDate. getMinutes （ ）/2）；

minuteHand. _ rotation ＝ myDate. getMinutes （ ） ＊6 ＋（myDate. getSeconds （ ）/10）；

secondHand. _ rotation ＝ myDate. getSeconds （ ） ＊6；

在第2帧加入一个动作语句，gotoAndPlay（1）；

时钟动画的时间轴如图10 – 14所示：

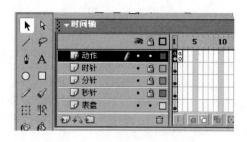

图 10 – 14 时钟动画的时间轴

（7）按 Ctrl ＋ Enter 键来测试效果。

此动画可以作成一个影片剪辑元件。

任务 10.2 交互动画的设置

10.2.1 任务描述

在 Flash 中,可以将动作语句添加到帧、按钮和影片剪辑中,从而实现交互。例如:为帧设定动作实现某一段动画的重复播放;为帧设定动作实现文字的闪烁效果;为按钮设定动作实现控制动画的播放和停止;为影片剪辑设定动作实现影片剪辑的拖动等。

任务要点

◇ 掌握帧交互的设置
◇ 掌握按钮交互的设置
◇ 掌握影片剪辑交互的设置

10.2.2 知识准备

(1) 通过帧进行交互

通过帧进行交互就是指为帧设定动作语句来控制影片的播放。那么如何为帧设定动作呢? 选择时间轴上的关键帧(实关键帧或空关键帧),右击,选"动作",打开动作面板,双击某个动作将其添加到脚本窗格中,设置有动作的帧在时间轴上会出现帧动作标记,即显示一个小 a,如图 10 – 15 所示。

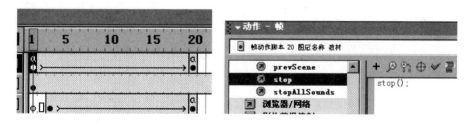

图 10 – 15

(2) 通过按钮进行交互

通常使用按钮来控制影片的播放、暂停、切换。在场景中选择要设置动作语句的按钮,然后右击按钮,选"动作",打开动作面板,再从动作面板中选择需要的动作语句即可。

(3) 通过影片剪辑进行交互

Flash 最强大的交互性就体现在对影片剪辑的控制上,通过影片剪辑进行交互就是通过为影片剪辑(为帧或按钮)设定动作语句来控制影片剪辑本身(或控制其他的影片剪辑)。通过影片剪辑进行交互,可以实现物体的拖动、物体的复制、改变物体的属性(位置、大小、颜色、透明度)等。在场景中单击要设置动作语句的影片剪辑,然后选择"窗口"——"动作"菜单命令,打开"动作"面板,接下来从"动作"工具箱中选择需要的动作语句即可。

10.2.3 任务实现

【案例1】

秒针

用两个按钮来控制一个秒针旋转,如图 10 – 16 所示。

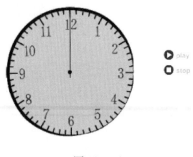

图 10 – 16

制作方法:

(1)插入背景图片。双击图层 1 的名字,修改为"钟面";选择"文件"—"导入",导入一张"钟面"的图片。存放于舞台中央。单击"属性"面板,设置宽为 272,高为 268。

(2)绘制图形。①单击"时间轴"面板上的"插入图层"按钮,添加一个新的图层,将"图层 2"的名称改为"秒针"。②单击"秒针"图层第 1 帧,利用"绘图"工具栏上的"线条工具"按钮和"椭圆"工具按钮,在舞台中央绘制一条线段和椭圆作为"秒针"。选中整个"秒针",按 Ctrl + G 键将其组合,单击绘图工具栏中的"任意变形"工具按钮,将鼠标指针移到中心控制点上,按住鼠标不放,将中心控制点向下拖动至小圆点处(即指针的转轴处),如图 10 – 17 所示。

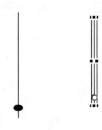

图 10 – 17

调整"秒针"位置,使其"小圆点"与"钟面"的中心重合。

(3)制作动画。在秒针图层第 720 帧处,按 F6 键增加关键帧;单击"秒针"图层的第 1 帧,右击,选"创建补间动画",单击"属性"面板,在"旋转"中设定"顺时针 1次"。具体设置如图 10 – 18 所示。

图 10 – 18

（4）添加按钮。在秒针图层之上插入一个"按钮"图层，从"窗口"——"公共库"——"按钮"菜单命令，打开"库面板"，双击展开"Circle Buttons"文件夹，将 Play 和 Stop 两个按钮分别拖到舞台右侧。

（5）设定动作

选中 Play 按钮，打开"动作"面板，在"动作"工具箱依次展开"动作""影片控制"文件夹，双击 Play 动作语句，将其添加到"脚本窗格"中，如图 10 – 19 所示。

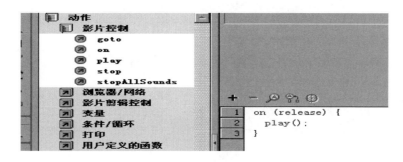

图 10 – 19

选中 Stop 按钮，打开"动作"面板，在"动作"工具箱依次展开"动作"、"影片控制"文件夹，双击 Stop 动作语句，将其添加到"脚本窗格"中，如图 10 – 20 所示。

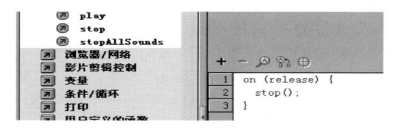

图 10 – 20

（6）本例完成后，按 Ctrl + Enter 键测试效果。

秒针时间轴如图 10 – 21 所示。

制作技巧：在"动作"面板上的"标准模式"下为按钮设定动作语句，将自动添加动作语句：on（release），该动作语句是按钮的事件处理函数，表示鼠标单击按钮释放时才执行设定的动作语句；在制作多媒体作品（课件）时，一般将按钮单独放在同一个图层，这便于控制按钮的出现和修改按钮动作。

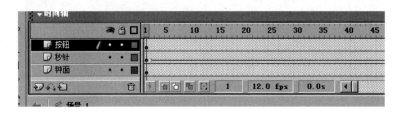

图 10-21　秒针时间轴

【案例 2】

拖动图形进行分类

将下列属于正方形的图形拖放到一起，果图如图 10-22 所示。

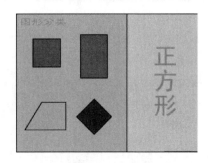

图 10-22

本例通过为影片剪辑的设定动作来实现图形可以被任意拖动，着重介绍如何为影片剪辑设定动作。

制作方法：

1. 制作背景

（1）启动 Flash 后，双击"图层 1"的名称，改名为"背景"。

（2）单击"绘图"工具栏中的"矩形工具"按钮，绘制一个矩形，在"属性"面板中设定宽：550、高：400、X：0、Y：0、填充颜色为"浅绿色"，使其正好覆盖整个舞台。

（3）使用"绘图工具"箱中的"线条工具"，在舞台中绘制一条竖线，使其将矩形分成两部分，然后将右边的小矩形填充为浅黄色。

（4）使用"绘图工具"箱中的"文本工具"，在舞台中拖出一个文本框，使用属性面板设置字体："黑体"、字号：72、文本（填充）颜色："黄色"、改变文字方向："垂直，从左向右"，输入文字"正方形"，然后将文字拖放到舞台右侧。

（5）再在舞台左上角添加一个文本框，输入文字："图形分类"。

（6）选中"背景"图层所有对象，按 Ctrl + G 键进行组合。

2. 制作影片剪辑元件

（1）在"背景"图层之上插入一个新图层，将该图层名称命名为"图形"。

（2）选择"插入"——"新建元件"菜单命令，新建一个影片剪辑元件，设置名称为"zfx_ 1"，在该影片剪辑元件第 1 帧绘制一个绿色的正方形。

（3）重复（2），再新建 3 个影片剪辑元件，分别命名为："zfx_ 2"、"cfx_ 1"，"tx_ 1"，在 zfx_ 2 影片剪辑元件中绘制一个红色的正方形；在 cfx_ 1 影片剪辑元件中绘制一个蓝色长方形；在 tx_ 1 影片剪辑元件中绘制一个黄色的梯形。

（4）返回主场景，单击"图形"图层的第 1 帧，选择"窗口"——"库"，依次将 4 个影片剪辑元件拖放到舞台左侧。

3. 设定动作

（1）单击 zfx_ 1 影片剪辑元件实例，打开动作面板。切换到专家模式，直接在"脚本窗格"中输入以下语句（注意 C 和 E 必须为大写字母）。

```
onClipEvent（load）{              //影片剪辑加载事件
this. onPress = function（  ）{      //按下鼠标事件
    this. startDrag（  ）；          //开始拖动影片剪辑
}；
this. onRelease = function（  ）{    //释放鼠标事件
    this. stopDrag（  ）；           //停止拖动影片剪辑
}；
}
```

（2）选中所有输入的动作语句，右击，选"复制"，将其拷贝到剪贴板上。

（3）单击"定位到其他脚本"下拉列表框，选择"动作〔未指定实例名称〕（zfx_ 2）"选项，为 zfx_ 2 影片剪辑元件设定动作，如图 10 – 23 所示。

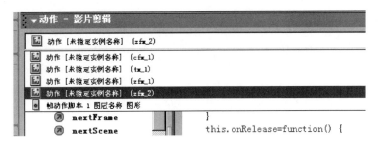

图 10 – 23

（4）在"脚本窗格"中右击，选"粘贴"命令。

（5）重复（3）、（4）步骤，分别将动作语句粘贴到 cfx_ 1 和 tx_ 1 两个影片剪辑元件中。

（6）按 Ctrl + Enter 键测试影片。

动画的时间轴如图 10 – 24 所示。

制作技巧：①为影片剪辑设定动作语句，必须包含在 onClipEvent 影片剪辑事件中。②当同时要为多个帧、按钮或影片剪辑设定动作语句时，可以采用"动作"面板上的顶部的"定位到其他脚本"下拉列表框来快速进行切换。③需要注意的是，设定帧的动作语

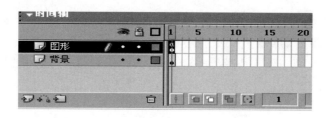

图 10 – 24

句，只有当影片播放到具有动作语句的关键帧时才执行；设定按钮的动作语句是当产生某种按钮动作事件时才执行动作；设定影片剪辑的动作语句是当产生某种影片剪辑动作事件时才执行动作。

【案例3】

制作单击一次按钮飞出一行文本的动画（按钮控制）

动画效果图如图 10 – 25 所示。

图 10 – 25

制作方法：

（1）单击绘图工具箱中的"文本"工具，在舞台中输入：

床前明月光

疑是地上霜

举头望明月

低头思故乡

（2）选定这 4 行文字，按 Ctrl + B 键把这首诗打散。用绘图工具箱中的"箭头"工具，选定第 1 行，按 Ctrl + G 键组合，然后将第 1 行右击，"转换为元件"，名称为"元件1"，"行为"为"图形"。

（3）同理，将第 2 行转换为图形元件 2；将第 3 行转换为图形元件 3；将第 4 行转换为图形元件 4。

（4）双击"图层 1"图层，重命名为"按钮"图层，从"窗口"——"公用库"中拖出一个按钮，放到舞台的右下角。

（5）插入一个图层 2，双击图层名称，改为"第 1 行"，从"库"中把"元件 1"拖到舞台右下角，单击第 10 帧，按 F6 键插入一个关键帧，此时，把元件 1 拖到舞台中间。

右击第一帧，选"创建补间动画"。

（6）插入一个图层3，双击图层名称，改为"第2行"，右击第10帧，选"插入一个空白关键帧"，从"库"中把"元件2"拖到舞台右下角，单击第20帧，按F6键插入一个关键帧，此时，把元件2拖到舞台中间，右击第10帧，选"创建补间动画"。

（7）插入一个图层4，双击图层名称，改为"第3行"，右击第20帧，选"插入一个空白关键帧"，从"库"中把"元件3"拖到舞台右下角，单击第30帧，按F6键插入一个关键帧，此时，把元件3拖到舞台中间。右击第20帧，选"创建补间动画"。

（8）插入一个图层5，双击图层名称，改为"第4行"，右击第30帧，选"插入一个空白关键帧"，从"库"中把"元件4"拖到舞台右下角，单击第40帧，按F6键插入一个关键帧，此时，把元件4拖到舞台中间。右击第30帧，选"创建补间动画"。

分别延长"第4行"图层以下的各图层，在第40帧按F5键延长帧。

（9）分别在"按钮"图层的第1帧，"第1行"图层的第10帧，"第2行"的第10帧，"第3行"图层的第20帧，"第4行"图层的第40帧右击，选"动作"，添加动作语句：stop（ ）。

（10）右击舞台中的按钮，选"动作"，添加动作语句：

on（release）{   //单击鼠标释放时；

play（ ）;   //继续播放；

}

动画的时间轴如图10－26所示。

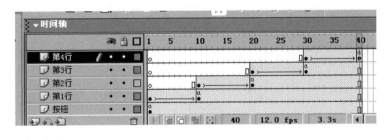

图 10－26

制作技巧：本例须设定帧动作语句和按钮事件的动作语句。

【案例4】

打火机模拟效果

本例实现的是一次性打火机的仿真效果。在该效果的制作中用到了很多实用的技巧与方法，如帧的跳转技巧，火焰、火花的制作方法；同时还涉及到了一些常用的控制语句，以及利用对象的方法来控制影片的运动等。

效果预览：

用鼠标点击打火机的按钮，你会看见打火时摩擦出的火花和火焰，仔细观察，你还会发现打火机里的液体随着火焰燃烧在慢慢变少，直至液体用完，火焰熄灭……以下元件的图片如不做说明，场景的缩放比例均为100%。

设计步骤：

打开 Flash。按快捷键 Ctrl + J，然后把场景设置成 450px × 280px，背景为黑色，12fps。

一、设计元件

1. 制作机身

2. 制作火焰

3. 制作火花

4. 制作齿轮

5. 制作液气

6. 导入声音

7. 制作按钮

二、设计场景

1. 建立各层

2. 设计 Lighter 层

3. 设计 Fluid 层

4. 设计 Fire、Spark 层

5. 设计 Button 层以及控制代码

三、技巧总结

（一）设计元件

1. 制作机身

按快捷键 Ctrl + F8 新建一个名为"image"的 Graphic 符号。然后在"image"的场景里画出一个打火机，或按快捷键 Ctrl + R，导入一个打火机的素材，如图 10 – 27 所示。

2. 制作火焰

按快捷键 Ctrl + F8 新建一个名为"Fire"的 Movie Clip 符号。在制作之前我们先看一下火焰（Fire）影片剪辑里层的结构，如图 10 – 28 所示。

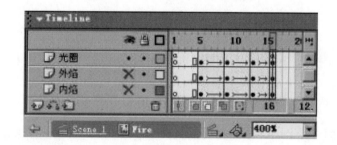

图 10 – 27   图 10 – 28   Fire 的层结构图

根据图 10 – 28 所示，我们要新建两个层，接着分别把它们命名为："光圈"层，"外焰"层和"内焰"层。然后在每层的前面空出 4 帧来，作用是让它在火花闪后出现，以求效果真实。选中第 1 帧，按快捷键 F9 打开 Actions 面板，然后写下影片剪辑停止播放的命令：stop（ ）；。第 16 帧的代码是：gotoAndPlay（5）；。

设计内焰。内焰其实就是一片蓝色做大小变化的 Shape 运动。首先，按快捷键 Shift + F9 打开 Color Mixer 面板，并进行如图 10 – 29 所示的设置。

如图 10 – 29 中显示的是右边滑块的设置，左面滑块为黑色，Alpha 值为 0%。

点选"内焰"层的第 5 帧，按 F7 键插入一个空白帧，然后画上一个形状如图 10 – 30 所示的内焰，大小为 8px × 13.5px，X 轴的值为 0；Y 轴的值为 – 7。然后用油漆桶工具 浇灌颜色，并用颜色转变按钮 点选火苗后调节颜色，最终效果如图 10 – 31 所示（此为 400% 的图片）。

图 10 – 29　　　　　　　　　图 10 – 30　　　　　图10 – 31　蓝色火苗设计

接下来，分别选中第 9、13、16 帧按 F6 键插入关键帧，再点选第 5、9、13 帧，然后在 Properties 面板里的 Tween 下拉菜单中选择 Shape 命令。接着按快捷键 Ctrl + I 打开 Info 面板，把第 9 帧火苗的大小设置为 8.5px × 25px，X 轴的值不变；Y 轴的值为 – 10.5px，把第 13 帧火苗的大小设置为 8.5px × 15px，X 轴的仍为 0px；Y 轴的值为 – 9px。设计外焰。打开 Color Mixer 面板进行如图 10 – 32 所示的设置，设计出的外焰效果如图 10 – 33 所示（此为 200% 的图片）。

图 10 – 32　Color Mixer 面板的设置　　　图 10 – 33　外焰的最终效果

外焰的设计方法同内焰。这里要讲一下的是滑块的设置，第 1 个滑块：白色，0%，第 2 个滑块：白色，30%，第 3 个滑块：黄色（#FFFF99），100%，第 4 个滑块：如图

10 – 32所示，第5个滑块：白色，80%。这样设计是为了让外焰更有层次感，效果更加的逼真。外焰大小、位置的设置同内焰。只是Info面板里的设置有所不同。第5帧和第16帧的大小一样，为9px×45px，X轴的值为0px；Y轴的值为 – 20px。把第9帧外焰的大小设置为9px×55px，X轴的值不变，仍为0px；Y轴的值为 – 20px，把第13帧外焰的大小设置为8px×40px，X轴的值不变；Y轴的值为 – 20px。

设计光圈。打开Color Mixer面板进行如图10 – 34所示的设置，然后用画圆工具  画出一个椭圆来，使其正好覆盖外焰，如图10 – 35所示。

图10 – 34　Color Mixer面板的设置　　　　图10 – 35　光圈的相对位置

光圈在第5帧和第16帧里的大小一样，为60px×90px，X轴的值为0px；Y轴的值为 – 25px。同样，我们只要把第9帧里的光圈大小设置为65px×110px，X轴的值不变，仍为0px；Y轴的值为 – 27px，把第13帧的光圈大小设置为60px×100px，X轴的值不变；Y轴的值为 – 25px就可以了。

光圈的设计是为了实现火焰周围的热气流动效果，使火焰的跳动更有真实感。

火焰的时间轴如图10 – 36所示。

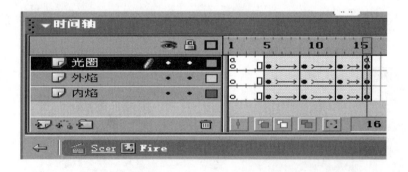

图10 – 36　火焰的时间轴

3. 制作火花

按Ctrl + V + F8键，新建一个名为"Spark"的Movie Clip符号。Movie Clip符号"Spark"的场景中只有1层4帧如图10 – 37所示，第1帧中火花的大小为1px×1px。也就是说这时的火花可以是任意形状。第1帧中的代码是：stop（　）；。第2帧、第3帧中的火花位置与大小如图10 – 38、图10 – 39所示。图中白色的"＋"为场景的中心点。第

4 帧为空白帧，帧里的代码是：gotoAndStop（1）;。

图 10 - 37　Spark 的层结构图　　　图 10 - 38　第 2 帧的火花　　　图 10 - 39　第 3 帧的火花

其实，第 2 帧和第 3 帧中的火花设置也很简单，是由一些白色和黄色的小线段组成的。所以，我们可以先用线条工具 画出一个个小线段，然后用油漆桶工具上色。当然，你也可以用一点青色和红色来点缀一下。

在 Flash 中，播放 1 帧需要的时间是 0.1 秒，那么，这段火星动画只需要 0.3 秒就播放完了，这样，利用人的视觉停留原理就可以轻松实现火星的迸溅效果了。

4. 制作齿轮

按 Ctrl + F8 键，新建一个名为"Gear"的 Movie Clip 符号。在"Gear"的场景里先画出一个灰色的圆环，然后在圆环上画一些交错的黑白色小线条，如图 10 - 40 所示。齿轮的大小为 16px×16px（此为 400% 的图片）。

选中做好的齿轮，按快捷键 Ctrl + G 把它变成组图，接着点选第 3 帧，按 F6 键插入一个关键帧。右键单击第 1 帧，选择 Create Motion Tween 命令。按 Ctrl + T 键打开 Transform 面板，把第 3 帧中齿轮的角度改为 20 度，即向右旋转 20 度。

最后，点选第 3 帧，按 F9 键，然后输入代码：stop（　）;。这样，齿轮在播放一次，也就是旋转 20 度后便停止了，不会不停地旋转。

5. 制作液气

新建一个名为"Fluid"的 Movie Clip 符号。点选"Fluid"场景中的第 1 帧，输入代码：stop（　）;。接着点选第 5 帧，按 F7 键插入一个空白帧，然后画一个图片。图片的颜色为#ECFFF3，Alpha 值为 20%，图片的大小为 36px×70px，形状如图 10 - 41 所示。

图 10 - 40　齿轮设计图　　　　　图 10 - 41　打火机液体

点选这个图片，按快捷键 Ctrl + G 把它变成组图，接着点第 200 帧，按 F6 键插入一个关键帧。右键单击第 5 帧，选择 Create Motion Tween 命令。接着，点选第 200 帧中的图片，打开 Info 面板，把图片的大小设置为 36px × 1px。

点选第 201 帧，按 F9 键，然后输入代码：setProperty（" _ root. fire"，visible，0）；// 设置 Movie Clip 符号 Fire 的 visible 属性为 0，即 Fire 影片剪辑不可见 gotoAndStop（1）；

这段代码的主要作用是为了让打火机的液气在用完以后，火焰可以自动地熄灭。

6. 导入声音

俗话说，鲜花还须绿叶扶持。一个 Flash 动画如果没有音乐，那么这个动画便没有了生机，但哪怕只有一点点音乐，说不定就能起到画龙点睛的效果。所以本着这个设计理念，我们为动画导入一个齿轮和火石摩擦的声音。

7. 制作按钮

设计这个按钮是为了以后把它拖拽到场景中，再给这个按钮加上一段代码，用它来实现对以上所有影片的控制。这个按钮本身的效果是实现打火机的按钮被按动事件与齿轮转动事件同时发生。下面我们就来看看这个按钮的制作方法。

按 Ctrl + F8 键新建一个名为"Lighter Button"的 Button 符号。双击 Layer 1 层，把它改名为"Button"层，然后新建一层并命名为"Gear"层。

在"Graphic 符号"image""里把打火机的按钮截取下来，然后粘贴在 Button 符号"Lighter Button"场景的 Up 帧里，接着在 Down 帧里按下 F6 键插入关键帧，按 Ctrl + T 键打开 Transform 面板把打火机按钮向右旋转 10 度，使按钮有被按下的效果。点选 Down 帧，按快捷键 Ctrl + L 打开库，把刚才导入的声音拖拽到 Down 帧里。点选 Hit 帧，用矩形工具 ▣ 画一个矩形（不要边线）。这个矩形正好覆盖打火机的按钮与齿轮。

在库中把 Movie Clip 符号"Gear"拖拽到"Gear"层的 Up 帧里，接着点选 Down 帧，并按 F6 键插入关键帧，然后点选 Up 帧场景里的齿轮，按 Ctrl + B 键把它打散。Up 帧场景里的齿轮影片被打散后就变成了图片，这样，鼠标移到按钮上，齿轮就不会转动了，而是要等到鼠标在按钮上按下时，Down 帧里的"Gear"影片剪辑才会被调用，齿轮才会转动。

（二）设计场景

1. 建立各层

先如图 10 – 42 所示建立各层，层的上下次序不可颠倒，然后把对应的电影剪辑拖拽到层第 1 帧的场景里。如把影片剪辑"Fire"拖入到"Fire"层中。这样做主要是为了设计的方便，因为我们在以上很多影片剪辑的第 1 帧都用了空白帧，所以当这些影片剪辑被拖到场景中的时候将会是一个白色的小圈，选取和编辑很麻烦，把它们放在各自的层里，那么就可以通过隐藏有锁定其他层来选取编辑它。

图 10 – 42　主场景中的各层结构

2. 设计 Lighter 层

Lighter 层放置的是打火机的机身，我们要做的就是把原来打火机图片中的按钮和齿轮部分去处。

3. 设计 Fluid 层

把影片剪辑"Fluid"拖拽到该层的场景中后即锁定其他的层。选取这个影片剪辑（场景为白色小圆圈），然后进行如图 10－43 所示的设置。

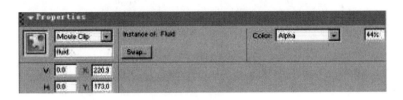

图 10－43　Properties 面板

这个层的设计有两个重要点，一是给影片剪辑"Fluid"起个实体名"fluid"，二是把影片剪辑的 Alpha 值设为 44%，增加其透明度，借以实现液气的透明状态。

4. 设计 Fire、Spark 层

给 Fire 层和 Spark 层里的影片剪辑加上实体名 fire 和 spark。至于它们相对打火机机身的位置不用我说大家都应该知道吧，什么，你不知道，我知道。

5. 设计 Button 层

Lighter Button 按钮的用处我们前面已经提过。现在我们把这个按钮拖拽到场景中，然后点选它，按 F9 键打开 Actions 面板，输入如下代码：

```
on（press）｛        //当鼠标左键被按下时，执行以下代码
    tellTarget（"fluid"）｛      //调用影片实体 fluid
    gotoAndPlay（"5"）;       //跳转到影片实体的第 5 帧，并开始播放
｝
tellTarget（"spark"）｛
    gotoAndPlay（"1"）;
｝
setProperty（"fire", _visible, 1）;      //使火焰影片可见
tellTarget（"fire"）｛
    gotoAndPlay（"5"）;
    ｝
｝
on（release, rollOut）｛        //当鼠标左键被松开时，执行以下代码
    setProperty（"fire", _visible, 0）;      //使火焰影片不可见
    fluid. stop（  ）;        //停止火焰影片的播放
｝
```

以上代码实现了对火焰、火花、液气的控制，从而实现影片的逼真效果。整个效果到

这里就全部设计好了，如图 10-44 所示。

图 10-44

（三）本例技巧总结

（1）当影片剪辑为白色小圆圈时，它在场景中的位置就不好判断，那么我们就把场景中其他的层锁定，选中它后双击，紧接着按 Ctrl + Enter 键测试，看看它在什么地方。然后关闭测试，再用小键盘的方向键对它进行调整，这样设计起来比较省力。

（2）当我们新选取一个物体（打散状态）的时候，一开始在 Color Mixer 面板里是不会看到颜色设置状况的，那么我们就在物体被选中时，单击 Properties 面板里油漆桶工具右边的颜色选取方框，在等颜色选取面板弹出来后按 Esc 键取消，此时，你就可以在 Color Mixer 面板里看到该物体颜色的组成情况了。

（3）在设计中要实时地调整场景的缩放比例，使设计更加方便。

【案例 5】

运用 Flash 制作加法测试题

随机产生 6 道 100 以内的加法算式。当你输入运算结果后，单击"查看成绩"按钮时，显示做对了几道题，做错了几道题；单击"重新测试"按钮时，又重新出现 6 道题，单击"退出"按钮时，结束该测试界面。

一、制作步骤

1. 随机数的产生

要产生 6 组随机数字在 100 以内的加法算式，就要运用随机函数"random（100） +1"，还需要运用 12 个动态文本框。

提示：其实 6 个动态文本框也可以。运用 12 个动态文本框，数字值是以变量的形式赋值给每个文本框；运用 6 个动态文本框是将算式赋值给文本框实例名的（在显示成绩报告时，我们采用赋值给文本框实例名的方式来实现，让大家体会这两种方法的不同赋值方式）。

2. 答案

采用 6 个"输入文本框"进行答案输入，当然每个输入文本框都得确定相关的变量，以便判断正误和成绩统计。

3. 判断正误和成绩统计

要判断输入答案（数字）是否正确，可通过一个判断语句进行判断；成绩统计只需在每次判断的过程添加一个变量即可实现。

二、制作方法

1. 页面背景及文本框的创建

（1）在图层面板创建 3 个图层，分别命名为"按钮"、"文本框"和"动作"，单击"修改"——"文档"，将舞台大小设定为 550×400，背景设定为黄色。

（2）单击"按钮"图层的第 1 帧，"窗口"——"公用库"，拖出 2 个按钮，单击绘图工具箱中的"文本"工具，单击"属性"面板，选"静态文本"、"楷体"、字大小为"15"，分别在 3 个按钮旁边输入"查看成绩"、"退出"。

右击"退出"按钮——选"动作"，在动作面板中输入如下代码：

```
on（release）{
    fscommand（" quit"）；
}
```

（3）单击"文本框"图层，在舞台工作区中创建 12 个动态文本框和 6 个输入文本框；6 个加号的"静态文本框"；6 个等号的"静态文本框"。

12 个动态文本框，分别在"属性"面板中命名变量名称为"a1、b1、a2、b2、a3、b3、a4、b4、a5、b5、a6、b6"；6 个输入文本框分别在"属性"面板中命名变量名称为"c1、c2、c3、c4、c5、c6"，如图 10-45 所示。

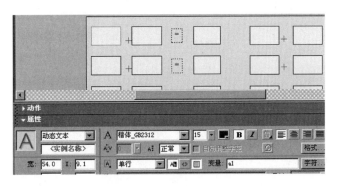

图 10-45

制作动态文本框和输入文本框时，要单击属性面板中的"在文本周围显示边框"（上图中"变量"左边的那个方框），以便显示一个方框。

选定这些文本框，然后，"修改"——"对齐"，调整他们的位置和对齐方式。

第 1 帧中画面如图 10-46 所示。

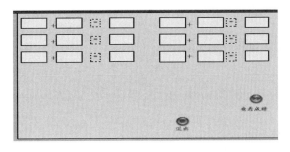

图 10-46

2. 随机数的产生及成绩统计

（1）单击"动作"图层的第1帧，再单击"动作"面板，在"专家模式"下，添加如下代码：

```
stop（　）；//停止播放，即停留在第1帧画面上；
a1 = random（100）+1；//将随机数赋值给变量 a1；
b1 = random（100）+1；//将随机数赋值给变量 b1；
c1 = ""；　　//变量"c1"为空，
a2 = random（100）+1；
b2 = random（100）+1；
c2 = ""；
a3 = random（100）+1；
b3 = random（100）+1；
c3 = ""；
a4 = random（100）+1；
b4 = random（100）+1；
c4 = ""；
a5 = random（100）+1；
b5 = random（100）+1；
c5 = ""；
a6 = random（100）+1；
b6 = random（100）+1；
c6 = ""；
```

提示：变量"c1、c2、c3、c4、c5、c6"为空是为了重新做时，清除输入的数字。

（2）右击"查看成绩"按钮，选"动作"，在动作面板中添加如下代码：

```
on（press）{
    right = 0；
    wrong = 0；
    if（Number（a1）+ Number（b1）= = Number（c1））{
        right = right + 1；
}
else {
    wrong = wrong + 1；
} //第1个算式计算结果判断及统计

if（Number（a2）+ Number（b2）= = Number（c2））{
    right = right + 1；
}
else {
```

```
        wrong = wrong + 1;
    }
    if (Number (a3) + Number (b3) = = Number (c3)) {
        right = right + 1;
    }
    else {
        wrong = wrong + 1;
    }
    if (Number (a4) + Number (b4) = = Number (c4)) {
        right = right + 1;
    }
    else {
        wrong = wrong + 1;
    }
    if (Number (a5) + Number (b5) = = Number (c5)) {
        right = right + 1;
    }
    else {
        wrong = wrong + 1;
    }
    if (Number (a6) + Number (b6) = = Number (c6)) {
        right = right + 1;
    }
    else {
        wrong = wrong + 1;
    }
        n = right;    //正确次数
m = wrong  ;    //错误次数
        gotoandplay (2);
    }
```

（3）单击按钮图层的第 2 帧，按 F6 键插入一个关键帧，此时从"公用库"中拖出一个按钮，放到舞台下方，并单击文本工具，输入"重新测试"。把此帧中的"查看成绩"按钮删除。

右击"重新测试"按钮，在快捷菜单中，选"动作"，在动作面板中添加代码：

```
on (press) {
    gotoAndplay (1);
}
```

（4）单击"文本框"图层的第 2 帧，按 F6 键插入一个关键帧，单击工具箱中的"文本"工具按钮，在"属性"面板中选"动态文本"，在舞台中下方插入两个动态文本框，两个动态文本框的实例名称分别为"dui"和"cuo"（可在属性面板中设定）。

（5）单击"动作"图层的第2帧，按F7键插入一个空白关键帧。右击该帧，选"动作"，在动作面板中添加如下代码：

stop（ ）; //在该帧中暂停

dui. text = "你做对了" + n + "题";   //在dui文本框中显示"你做对了" + n + "题";

cuo. text = "你做错了" + m + "题";   //在cuo文本框中显示"你做错了" + n + "题";

注意：//后面的内容是注释，在程序中可不输入//后面的内容。

第2帧中画面如图10 –47所示。

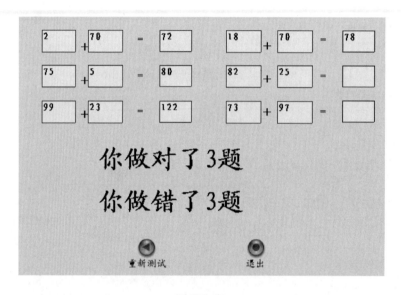

图10 –47

3. 按Ctrl + Enter键测试效果。

该动画的时间轴图形如图10 –48所示。

图10 –48

制作技巧：

对于动态文本框，可以在属性面板中的变量栏中输入变量名，数字值是以变量的形式赋值给文本框。如：a1 = random（100） + 1；//将随机数赋值给变量 a1；也可以在属性面板中的"动态文本框"的实例名称中命名实例名，文本框中的内容显示用给实例名的赋值方式，如 dui. text = "你做对了" + n + "题"。

任务10.3　思考与实践

练习本项目中的案例。

项目 11

声音和影片的应用

项目简介

在动画中添加声音，可以增强作品的感染力，提高学习兴趣和学习效果，如为作品添加背景音乐和各种音效，另外还可以制作课文朗诵、英语听力、音乐欣赏等类型作品；添加影片，可以真实地再现事物的发展过程，如物理和化学实验、动物的解剖过程、历史记录片等。本项目主要是声音和影片在动画中的应用。

学习目标

◇ 掌握声音及影片的导入方法
◇ 掌握声音在动画中的应用技巧
◇ 掌握影片在动画中的应用技巧

项目分解

任务 11.1　声音与视频在动画设计中的应用。
任务 11.2　思考与实践

任务 11.1　声音与视频在动画设计中的应用

11.1.1　任务描述

本任务主要是在动画中添加声音及视频的方法以及音视频在动画中的使用技巧。

任务要点

◇ 掌握音视频的添加方法
◇ 掌握音视频的应用技巧

11.1.2　知识准备

在作品中添加声音的方法类似于添加图片的方法，导入声音文件后，存在于库中，需要时，将其拖到舞台上即可。

所需的声音素材可从因特网上搜集，也可自己录制，还可将 VCD 光盘、录音带上转换、截取。

（1）导入声音

可以给图形、按钮动作和动画等配有背景音乐，可以导入的声音文件有 WAV、AIFF、MP3。

1）导入声音到"库"面板中。①首先为声音创建一个图层。也可以为声音创建多个图层，形成多个声音的同时播放。②单击"文件"——"导入"选单命令，调出"导入"对话框。利用它选择声音文件，并导入声音，导入的声音会加载到"库"面板中。③单击选中"库"面板中的一个声音文件名称或图标，再单击"库"面板上面窗口内的箭头按钮，即可听到播放的声音。

2）使用库面板中的声音文件。①用鼠标拖拽"库"面板内的一个声音文件到舞台工作区内，即可看到在声音图层的第 1 帧内显示出的声音的波形。②也可以单击某关键帧，再单击属性面板，在属性面板中，"声音"栏中选某个声音文件。③采用以上同样方法，也可将声音导入按钮的各帧中。声音只能添加到关键帧中或按钮的各帧中。④用鼠标拖拽图层中的声音波形，可以调整它的位置。调整声音波形的位置，可以使声音和动画同步播放。

（2）添加背景音乐

为作品添加背景音乐，可以先创建一个单独的图层，然后将导入的音乐元件放入该图层中。

（3）添加按钮声音

为按钮添加声音后，当鼠标指针移到按钮上或在按钮上单击鼠标时，会发出设定的声音。

按钮有"弹起"、"鼠标经过"、"按下"、和"点击"4 个状态，对应时间轴上 4 个帧，为按钮添加声音只需在相应状态的帧上建立关键帧，将声音从库面板中拖动到舞台上即可。

（4）导入视频

1）可以导入的格式为 AVI、MPEG、MOV 和 DV。对导入的视频可以进行放大、缩小、旋转、扭曲；还可将视频做成遮罩，以产生特效；还可用脚本程序对视频进行交互控制等。

2）添加视频的方法，类似于添加图片和声音，通过导入的方法将影片文件添加到场景中，导入后的视频将保存在"库"面板中，并且可以重复使用。

3）由于视频文件都非常大，一般实际使用时只使用其中的一个片段，往往需要对影片素材进行截取。

截取影片片段：①在计算机上安装"豪杰超级解霸"，启动。选择"文件"——"打开单个文件"，在"打开影视文件"对话框中，选择文件"gequ.mpg"，单击"打开"，如

图 11-1 所示。②单击工具栏中的"循环/选取录取区域"按钮，鼠标拖动进度条到影片需要截取的起始位置，在工具栏上单击"选择开始点"按钮，继续用鼠标拖动进度条到影片需要截取的结束位置，在工具栏上单击"选择结束点"按钮。③单击工具栏上的"录象指定区域为 MPG 文件"按钮，弹出"保存数据流"对话框，在文件名中输入"gequ 片段"，单击"保存"，单击播放器右上角"关闭"，退出。

图 11-1

4）导入影片方法：

选择"文件"——"导入"，在导入对话框中，选择影片文件"gequ 片段 . mpg"，单击"打开"，弹出"导入视频设置"对话框，如图 11-2 所示。

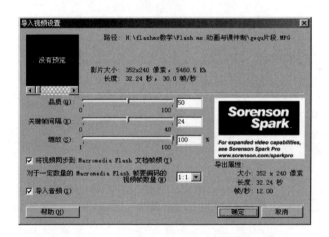

图 11-2 "导入视频设置"对话框

保持该对话框中的默认设置不变，单击"确定"，弹出一个消息框，再单击"是"，系统将自动延长帧数来显示影片的全部内容，如图 11-3 所示。

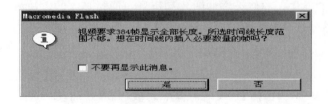

图 11-3

选定舞台中的视频实例，再单击绘图工具箱中的"任意变形工具"来调整舞台中视频实例的大小。

11.1.3 任务实现

【案例1】

命运交响曲（添加背景音乐）

制作方法：

添加图片

（1）新建一个空白文件，在属性面板上，将背景设为淡黄色。

（2）双击图层名称，改名为"图片"，"文件"——"导入"，导入事先准备好的图片文件 Beethoven. jpg，导入贝多芬的头像。

（3）选中该图片，选择"修改"——"分离"（或按 Ctrl + B 键），将该位图图片的像素分离；在舞台的空白处单击鼠标，取消对图片的选中状态。

（4）单击绘图工具栏上的"套索工具"按钮，在该工具栏下方的"选项"区中，单击"魔术棒属性"按钮，设置"阈值"为5，在"平滑"下拉列表中选"像素"，单击"确定"。

（5）继续在"选项"区中，单击魔术棒按钮，将鼠标移到图片上的空白区域，单击鼠标，将其选中，按 Delete 键删除；用相同的方法，依次将图片周围的空白区域全部删除，使其透明。

（6）选中图片，按 Ctrl + G 键，将其组合，将图片拖到舞台左上角。

（7）选择"文件"——"导入"，在弹出的"导入"对话框中，选中图片 Piano. png，导入钢琴图片。同前面方法，将图片周围空白区域删除。

（8）单击"绘图"工具栏上的"任意变形工具"按钮，并在该工具栏下方的"选项"区中，单击"缩放"按钮，将鼠标指针移到钢琴右上角的缩放控制点上，按住 Shift 键的同时，向内侧拖动鼠标使图片等比例缩小。

添加说明文字：

插入一个新图层，在图层上输入说明文字（略）。

添加背景音乐：

（1）单击"插入图层"按钮，在"说明文字"层上插入一个图层，改名为"背景音乐"。

（2）选择"文件"——"导入"，选中声音文件 mingyue. wav，将其导入到库。

（3）选择"窗口"——"库"，将声音元件从库中拖到舞台上。

（4）单击"背景音乐"图层的第1帧，在属性面板上，设置"效果"为"淡出"，如图 11 - 4 所示。

制作技巧：在关键帧中添加声音，除了上述拖动方法外，还可以在"属性"面板中进行设置。先选中要添加声音的关键帧，然后在"属性"面板的"声音"下拉列表框中，选择要添加的声音即可。Flash 中可导入 MP3 和 WAV 文件。

声音只能添加到关键帧和按钮中。

图 11 - 4

【案例 2】

认识西洋乐器

在本作品的画面中，显示几种常见的西洋乐器的图片，当鼠标移到这些图片上时，会显示相应的乐器名称及乐器特色，在图片上单击鼠标，则会播放该乐器演奏的音乐片段，用图片、文字及声音来介绍乐器，可获得理想的教学效果，如图 11 - 5 所示。

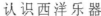

图 11 - 5　认识西洋乐器

制作方法：

1. 导入图片和声音

（1）新建一个空白文件，在"属性"面板中设置文件尺寸（640px×480px）。

（2）单击"绘图"工具栏上的"文本工具"按钮，在"属性"面板上，设置字体为"华文隶书"，大小为 50，颜色为蓝色，在舞台上方中央输入标题文字"认识西洋乐器"。

（3）选择"文件"——"导入到库"菜单命令，在弹出的"导入到库"对话框中，按住 Ctrl 键的同时，依次单击文件"长笛.jpg""短笛.jpg""钢琴.jpg""萨克斯管.jpg""砂槌.jpg""手风琴.jpg""竖琴.jpg""双簧管.jpg""小号.jpg""小提琴.jpg"，单击"打开"按钮，将其导入到"库"面板中。

（4）方法同（3），继续导入乐器的声音文件。

2. 制作作品画面

（1）将"小号"图片从"库"面板中拖动到舞台上，选中该图片，按 Ctrl + B 键将其像素分离，在舞台的空白处单击，取消对该图片的选中状态。

（2）单击"绘图"工具栏上的"套索工具"按钮，继续在该工具栏下方的"选项"区中，单击"魔术棒"按钮，将鼠标移到图片的空白处单击，选中图片周围的空白区域，按 Delete 键将其删除；选中图片，按 Ctrl + G 键，将图片组合。

（3）选中该图片，单击"绘图"工具栏上的"任意变形工具"按钮，在图片周围出现变形控制点；将鼠标移到右上角的控制点上，当鼠标指针变成斜向剪头时，按住 Shift 键的同时，向内侧拖动鼠标，使图片等比例缩小。

（4）方法同前，分别将"库"面板中的乐器图片拖动到舞台上，删除各图片周围的空白区域，调整图片的大小和旋转角度。

3. 制作按钮元件

（1）选中舞台左上角的"砂槌"图片，选择"插入"——"转换为元件"菜单命令（或按 F8 键），弹出对话框，如图 11 –6 所示。

图 11 –6

（2）在"名称"框中输入文字"砂槌"，"行为"为"按钮"，在该对话框的 9 个小方块中，用鼠标单击中央的小方块，将该元件的"注册"点（即元件的中心点）置于图片的中心，此时，砂槌图片变成了按钮元件。

（3）双击舞台上的砂槌按钮元件，进入该元件的编辑窗口；单击第 2 帧（即按钮的"指针经过"状态），按 F6 键新建一个关键帧，内容与第 1 帧相同。

（4）单击"绘图"工具栏上的"文本工具"按钮，在"属性"面板上，设置字体为宋体，大小为 12，输入"乐器名称:"，设置字的颜色为蓝色，输入字为"砂槌"。

（5）设置字的颜色为红色，继续在下一行输入文字"乐器特色:"，颜色为黑色，输入如下图文字，单击"矩形"工具按钮，设置"笔触颜色"为黑色，"填充色"为"浅青色"在文字周围绘制一个矩形，如图 11 –7 所示。

图 11 –7

（6）单击第 3 帧（按下帧状态），按 F6 键插入一个关键帧，在"属性"面板中，在

"声音"下拉列表中选择"砂槌"，在"同步"下拉列表中选择"开始"，如图 11 – 8 所示。

图 11 – 8

（7）在第 1 帧上单击鼠标右键，选择"拷贝帧"，在第 4 帧"点击"上单击鼠标右键，选"粘贴帧"，使这两帧内容相同，如图 11 – 9 所示。

图 11 – 9

（8）单击"时间轴"面板左下方的"场景 1"按钮，回到主场景中；方法同前，将舞台上其余的乐器图片依次转换为按钮元件，并添加说明文字及乐器演奏的音乐片段，各乐器对应的说明文字及声音元件。

（9）保存文件，按 Ctrl + Enter 键预览播放效果。

制作技巧：

（1）导入 Flash 中的声音文件，在播放时音质会下降很多，这主要是由于 Flash 为了减少文件的尺寸。

（2）声音元件在 Flash 中播放时，可以设置 4 种不同的同步类型：事件、开始、停止和流声音。

事件：声音会和某一事件同步发生，如本例中用鼠标单击按钮，即可播放音乐；事件声音在它的起始关键帧开始显示时播放，并独立于时间轴播放完全部事件声音，即使课件停止也继续播放。

开始：如果选定的声音正在播放，则它不会同时再播放。

停止：停止播放所选择的声音，如果同时播放了多个事件声音，可以指定其中的一个静音。

数据流：强制动画与音频流同步，与事件声音不同，音频流随着影片的停止而停止，并且音频流的播放时间不会超过帧的播放时间。

（3）使用"文本工具"按钮输入较小的文字时，可以在"属性"面板上，选择"使用设备字体"选项，使他们能在课件播放时清晰地显示，如乐器的说明文字。

（4）制作元件，一般有两种方法，一种是"插入"——"新建元件"。另一种是选中舞台中的图片，转换为元件。

【案例3】

控制音乐开关的制作

在课件中添加音乐开关，可使教师自主控制音乐的播放和停止，以适应授课的需要。音乐开关是一个按钮元件，当单击此按钮时，音乐停止播放；再次单击该按钮，则重新播放音乐。

音乐开关可以做成两个按钮，也可以做成一个按钮。

1. 两个按钮

一个按钮为音乐开按钮，一个为音乐关按钮。

制作方法：

（1）单击"绘图"工具栏上的"椭圆"工具，在舞台上拖出一个圆，单击工具箱中的"文本"工具，在图形圆上输入"音乐开"，选中该椭圆图形和文字，按 Ctrl + G 键来组合图形，选中该组合图形右击，选"转换为元件"，如图 11 – 10 所示。

图 11 – 10

（2）双击舞台上的"音乐开"按钮实例，在第 3 帧（按下帧）按 F6 键插入关键帧，选中该帧，从"文件"菜单下的"导入"，来导入一首 gdyy. mp3。单击"属性"面板，在"声音"列表中选"gdyy. mp3"，在"同步"中选"事件"，如图 11 – 11 所示。

图 11 – 11

（3）同样方法，在舞台上创建一个"音乐关"按钮，双击舞台上的"音乐关"按钮实例，在第 3 帧（按下帧）按 F6 键插入关键帧，选中该帧，单击"属性"面板，在"声音"列表中选"gdyy. mp3"，在"同步"中选"结束"。回到主场景中，按 Ctrl + Enter 测试一下效果，如图 11 – 12 所示。

2. 制作一个按钮的音乐开关

制作步骤：首先是新建一个影片剪辑元件，在该元件编辑窗口中，为第 1 帧添加背景

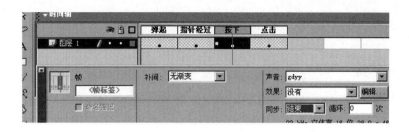

图 11 – 12

音乐，在第 2 帧中设置音乐停止播放，并为这两帧添加动作语句"stop（ ）;"，使课件在播放时不会自动进入下一帧播放；然后再建立两个按钮元件"音乐开"和"音乐关"，将"音乐开"按钮放在第 1 帧中，"音乐关"按钮放在第 2 帧中，再分别为这两个按钮添加动作语句，主要功能是帧的跳转，即在播放音乐的帧（第 1 帧）与停止音乐的帧（第 2 帧）之间跳转；最后将制作的影片剪辑从"库"面板中拖到舞台上即可。

下面以一个具体的例子来说明：

【案例 4】

《白杨礼赞》

效果如图 11 – 13 所示。

图 11 – 13

制作方法：

1. 添加文字和图片

（1）新建一个 Flash 文件，单击"属性"面板，设置"尺寸"为 640px×480px。

（2）单击"绘图"工具栏中的"文本"工具按钮，在"属性"面板中设置字体为"华文琥珀"，大小为 60，在舞台上方输入标题"白杨礼赞"。

（3）"文件"——"导入"，选中图片文件"白杨树 . jpg"。

（4）选中图片，单击"绘图"工具栏中的"任意变形工具"按钮，鼠标移到图片右上角的控制点上，按住 Shift 不放，向内侧拖动鼠标，使图片等比例缩小。

（5）单击"绘图"工具栏中的"矩形工具"按钮，在该工具栏上，设置"笔触颜色"为无颜色，填充色为"浅灰色"，绘制一个与图片相同大小的灰色矩形。

（6）将图片拖到舞台左侧，适当缩小图片，选择"修改"——"形状"——"柔化填充边缘"菜单命令，在该对话框中，设置"距离"为20，"步骤数"为10，"方向"为"扩散"，"确定"。

（7）单击"箭头"工具按钮，框选整个灰色矩形，将其拖动到图片下方，并错开一些距离，产生逼真的阴影效果，框选图片和阴影，按 Ctrl + G 组合键。

（8）单击"绘图"工具栏中的"文本"工具按钮，在"属性"面板中设置字体为"幼圆"，大小为24，在图片右侧输入文本内容。

2. 添加背景音乐：

（1）选择"插入"——"新建元件"菜单命令，名称中输入"背景音乐"，"行为"为"影片剪辑"。

（2）在时间轴面板左侧，双击图层1的名字，将图层名改为"背景音乐"。

（3）选择"文件"——"导入"，在该对话框中，选择声音文件 gdyy. mp3，单击"打开"，导入到库中。

（4）单击"背景音乐"图层的第1帧，单击"属性"面板，在"声音"列表中选"gdyy. mp3"，在"同步"中选"事件"。"循环"为100次，表示循环播放该音乐。

（5）单击"背景音乐"图层的第2帧，按F6键插入一个关键帧，单击"属性"面板，在"声音"列表中选"gdyy. mp3"，在"同步"中选"停止"。

（6）单击"背景音乐"图层的第1帧，在下方"动作"面板的左窗格中，单击"影片控制"，在展开的语句中，双击 stop（ ）语句，将其添加到右下角的编辑窗口中。

（7）方法同（6），为"背景音乐"图层的第2帧添加动作语句 stop（ ），如图 11 - 14 所示。

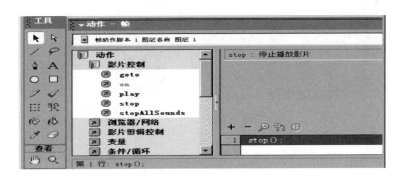

图 11 - 14

3. 制作音乐开关按钮

（1）选择"插入"——"新建元件"菜单命令，在该对话框中，"名称"中输入"音乐开"，设置"行为"为"按钮"，"确定"，进入该元件的编辑窗口。

（2）选中"图层1"的第1帧（即按钮的"弹起"状态），单击"绘图"工具栏上的"线条工具"按钮，在"属性"面板上，设置"笔触颜色"为黑色，笔触高度为2，绘制一个小喇叭。

（3）单击"绘图"工具栏上的"颜料桶工具"按钮，设置"填充色"为黄色，将鼠标移到喇叭图案上单击，为其填充为黄色。

（4）单击舞台右上角的"编辑"元件按钮，在弹出的菜单中，选择"背景音乐"，回到元件"背景音乐"的编辑窗口。

（5）选择"窗口"——"库"，在库面板中，在"音乐开"按钮元件上，单击右键，选择"复制"，弹出"复制元件"对话框。

图 11 – 15

（6）在"名称"框中，输入文字"音乐关"，"行为"为"按钮"，如图 11 – 15 所示。

（7）在库面板中，双击按钮元件"音乐关"，进入该元件的编辑窗口。

（8）选中"图层 1"图层的第 1 帧（即按钮的"弹起"状态），单击"绘图"工具栏上的"椭圆"工具按钮，在"属性"面板上，设置"笔触颜色"为红色，笔触高度为 5，填充色为"无颜色"。

（9）按住 Shift 键的同时，在小喇叭图案上绘制一个红色空心圆，单击"绘图"工具栏上的"线条工具"按钮，继续在空心圆中绘制一条红色的斜线，如图 11 – 16 所示。

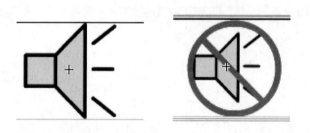

图 11 – 16

（10）单击舞台右上角的"编辑"元件按钮，在弹出的菜单中，选择"背景音乐"，回到元件"背景音乐"的编辑窗口。

（11）单击"背景音乐"图层的第 1 帧，选中"音乐开"按钮，按 Ctrl + C 键将其复制到剪贴板中。单击该图层的第 2 帧，按 Ctrl + Shift + V 键，将复制的按钮在原来位置上粘贴。

（12）选中该按钮，在"属性"面板上，单击"交换"按钮，弹出"交换元件"对话框。

（13）在该对话框中，选中"音乐关"按钮，单击"确定"按钮，关闭对话框，将"背景音乐"图层第 2 帧中的"音乐开"按钮换成"音乐关"按钮，并且与原来按钮的位置相同。

（14）选中"背景音乐"图层第 1 帧中的"音乐开"按钮，在动作面板的左窗格中，单击"动作"下的"影片控制"类别，在展开的语句中，双击"goto"语句，将其添加到右下角的编辑窗口中；在"类型"下拉列表框中，选择"下一帧"，表示单击该按钮即可跳转到下一帧继续播放。

（15）选中"背景音乐"图层第 2 帧中的"音乐关"按钮，方法同步骤（14），为该按钮添加相同的动作语句，在"类型"下拉列表框中选择"上一帧"，表示单击该按钮即可跳转到上一帧继续播放。

（16）单击舞台右上角的"编辑场景"按钮，在弹出的菜单中，选择"场景 1"，回到主场景中。

（17）将库面板中的影片剪辑元件"背景音乐"，拖动到舞台的右下角，保存文件，按 Ctrl + Enter 键，测试播放效果，如图 11 - 17 所示。

（以上是"音乐开"按钮的动作语句）

（"音乐关"按钮的动作语句）

图 11 - 17

【案例 5】

配乐诗朗诵——《兵车行》

本课件中，在播放诗朗诵的同时，配上动态显示的字幕和一段与之内容相关的影片，再插入一首古乐作为诗朗诵的背景音乐。

制作方法：

1. 截取影片片段

（1）在计算机上安装"豪杰超级解霸"，启动。选择"文件"——"打开单个文件"，在"打开影视文件"对话框中，选择文件"兵车行.mpg"，单击"打开"。

（2）单击工具栏中的"循环/选取录取区域"按钮，鼠标拖动进度条到影片需要截取的起始位置，在工具栏上单击"选择开始点"按钮，继续用鼠标拖动进度条到影片需要截取的结束位置，在工具栏上单击"选择结束点"按钮。

（3）单击工具栏上的"录像指定区域为 MPG 文件"按钮，弹出"保存数据流"对话框，在文件名中输入"兵车行片段"，单击"保存"，单击播放器右上角"关闭"，退出。

2. 导入影片

新建一个空白文件，在"属性"面板上，背景选"黑色"，双击图层1的名称改为"视频片段"。 "文件"——"导入"，在导入对话框中选择影片文件"兵车行片段.MPG"，单击"打开"，在对话框中，取消"导入音频"选项，单击"确定"，单击"是"。导入的影片显示在舞台中央。

3. 添加朗诵声音

（1）插入一个图层，将图层改为"朗诵"。

（2）选中"朗诵"图层，选择"文件"——"导入"，选中朗诵的声音文件"兵车行.WAV"。

（3）单击"朗诵"图层的第一帧，在"属性"面板上，在"声音"下拉列表中选择"兵车行"，并在"同步"列表框中选"数据流"。

4. 制作动态字幕

（1）在朗诵"图层上插入一个图层，改名为"字幕"。

（2）单击"朗诵"图层的第1帧，按回车键，播放"兵车行"的朗诵声音，当听到第一句诗文时，再次按回车键，暂停声音的播放；移动鼠标指针到播放指针上，按住鼠标不放，向回拖动到这句诗朗诵的起始位置。

（3）在"字幕"图层中，单击播放指针当前指向的帧，按 F6 键新建一个关键帧，在属性面板中，在"帧标签"框中输入文字"第一句"，此时在时间轴面板该帧的位置上，显示了一个小红旗。

（4）单击文本工具按钮，在影片下方输入第一句的诗文"车辚辚，马萧萧，行人弓箭各在腰"。

（5）方法同前，分别制作与朗诵声音同步的第 2~7 句字幕。

（6）将鼠标指针移到"字幕"图层末尾多余帧的起始位置，按住鼠标不放，向右下角拖动，同时选中所有图层末尾的多余帧，右击所选的多余帧，选"删除帧"。

（7）选中"字幕"图层，单击"时间轴"左下角的"插入图层"按钮，在"字幕"图层之上新建一个图层，双击图层名，改为"背景音乐"。"文件"——"导入，导入"Yuqiao.WAV"文件，选中背景音乐图层第一帧，在"属性"面板中，设置"效果"为"淡入"、"同步"为"事件"，"循环"为100次。

（8）在"库"面板中的声音元件"兵车行"上，右击，选择"属性"，弹出"声音属性"对话框，在对话框的"导出设置"栏中，设置"压缩"为"Adpcm"，提高课件中朗诵声音的音质；单击"确定"按钮，如图 11-18 所示。

制作技巧：在制作背景音乐的过程中，可以导入一段较小的音乐文件，然后在"属

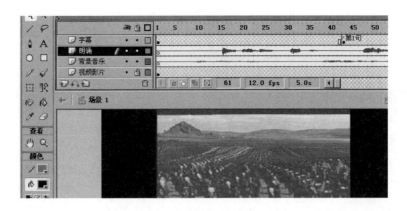

图 11 – 18

性"面板中,设置它的"同步"为"事件",在"循环"框中输入一个较大的数值,使它循环播放。

　　本课件中诗文朗诵的声音文件较大啊,导入之后,在"属性"面板中设置它的"同步"为"数据流",可以实现声音的边下载边播放,并且会随着声音所在图层帧的结束而结束,若将"同步"设置为"事件",则声音的播放独立于时间轴,即使影片停止也继续播放完。

任务11.2 思考与实践

练习本项目中的案例。

Flash 课件制作

项目简介

本项目是 Flash 课件制作的方法。通过制作课件的一般过程，课件的结构，课件的发布，课件的案例，掌握用 Flash 制作课件的方法与技巧。

学习目标

◇ 掌握课件的结构分析
◇ 掌握制作课件的一般过程
◇ 掌握 Flash 课件的发布方法

项目分解

任务 12.1　Flash 课件制作
任务 12.2　思考与实践

任务 12.1　Flash 课件制作

12.1.1　任务描述

通过制作课件的一般过程，课件的结构，课件的发布，课件的案例，掌握用 Flash 制作课件的方法与技巧。

任务要点

◇ 分析课件结构
◇ 掌握制作 Flash 课件的一般过程
◇ 掌握 Flash 课件的发布方法
◇ 掌握 Flash 课件的制作技巧

12.1.2 知识准备

课件的设计与制作涉及多种学科的知识和技能，一般由课程专家、教学设计人员、心理学家，有经验的学科教师、教育科研人员、美术人员、软件设计人员，有时还需要音乐工作者、摄录像人员等共同参加，组成课件开发小组。课件的制作一般要经由以下程序：确定教学目标——分析教学任务——分析学习者——选择教学方案——决定课件结构、决定课件内容——课件稿本编写——程序设计与调试——教学实验与评估——修改——交付使用。这是课件开发的一般过程。

但在日常教学中并不一定要用如此繁琐的操作步骤来开发课件，否则教师大量时间将被消耗在制作课件上，信息技术与课程整合也将永远只能停留在上公开课的层面，不能日常化地应用于教学。我们可以采取这样的思路："教学设计方案——策略性地组织需要信息化资源的知识点；素材资源的下载、处理、开发——课件结构图——课件制作"。

（1）课件结构

一个多媒体课件就是一个多媒体作品。由于课件的运行环境、开发的工具、实现教学目标的要求、教学策略以及使用对象等的不同，往往采用不同的结构形式，或者综合应用各种结构形式。目前，在中小学应用中比较常见的课件结构有：

1）线性结构（流水线结构）。这种结构通常会按照线性的顺序"播放"整个课件，很多演示文稿会采用这种结构（当然，经过设置之后，演示文稿也可以制作成菜单式交互），如图 12 -1 所示。

图 12 -1　线性结构

2）菜单式

它是一种树状，就像书本用章节来组织内容一样，这种组织结构用特定的路径来描述信息的位置。为了实现教学中的相对灵活性，大多课件采用这种结构形式，如图 12 -2 所示。

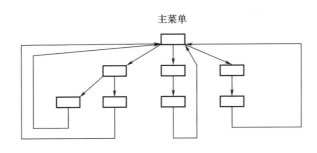

图 12 -2　菜单式

如：

①数学课件，如图 12 -3 所示。

图 12 – 3　数学课件

②语文课件，如图 12 – 4、图 12 – 5 所示。

图 12 – 4　语文课件 1

图 12 – 5　语文课件 2

③历史课件，如图 12 – 6 所示。

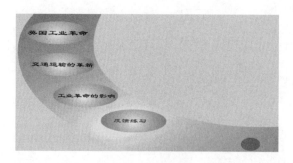

图 12 – 6　历史课件

大部分都是把菜单做成按钮，单击按钮，就执行相应的内容。

（2）制作 Flash 课件的一般过程

课件制作的一般过程可分为三个步骤：设计脚本、收集素材和编写课件程序，其中设计脚本、收集素材是制作课件前的准备工作，编写课件程序是课件制作的主题部分。

1）设计脚本。设计脚本是整个课件制作过程中的重要部分，其目的是将教师的教学过程用计算机的形式表达出来，它包括教学设计、结构设计和版面设计。

教学设计：是根据教学目标，对教学内容、教学方法和教学过程等方面的具体安排，它是制作课件的基础。

结构设计：是把教学设计写成计算机流程图的形式，以便为后面的编写课件程序做准备。

版面设计：在前面两个设计的基础上，具体确定每一个版面的内容，如图像、文字、动画、声音、影片等素材的显示顺序、位置及大小等。

2）收集素材。制作多媒体，需要收集素材，如图像、文字、动画、声音、影片等。获取这些素材的途径主要有：

直接获取：通过多媒体素材光盘上和网上下载。

采集：电视、录音机、VCD 光盘上的内容。

动手制作：绘制图形、编辑声音、制作动画等。

3）编写课件程序。①设置文件的属性（如课件播放尺寸、背景色、帧频等）。②将收集的素材导入到该文件中，按照脚本设计在软件中组织素材、输入文字、绘制图形、制作动画、添加交互命令等，完成后将其发布为 SWF 格式文件或 EXE 文件。

（3）制作 Flash 课件的方法技巧

制作 Flash 课件时：

1）一种方法是整个课件要建立在一个场景中，这要建立多个图层，并且每个图层要建立更多的帧，在制作时需要多次观察是在哪一个图层上，要调整当前帧的位置，比较麻烦。

2）另一种方法是建立多个场景，不同的场景执行不同的菜单内容，这样，每个场景中的图层数比较少，每个图层的帧数也比较少，便于制作。

（4）课件的发布

Flash 课件制作完成后，在运行该课件前，先要将其发布为 SWF 格式或 EXE 可执行文件。

1）发布为 SWF 格式文件。发布为 SWF 文件，可以脱离 Flash 环境运行，但需要计算机上安装有不低于该版本的 Flash 播放器软件，步骤如下：①"文件"——"打开"，打开某 Flash 源文件。②"文件"——"发布设置"——"格式"。③选取"flash（.swf）"选项，单击"发布"，即可在与源文件相同的文件夹中生成 SWF 格式文件，或在 Flash 安装的默认目录中生成 SWF 格式文件。

生成的 SWF 文件体积较小，但需要系统安装有 Flash 播放器软件才能播放。

2）发布为 EXE 格式文件。①"文件"——"打开"，打开某 Flash 源文件。②"文件"——"发布设置"——"格式"。③选取"windows 放映文件（.exe）"选项，单击

"发布"。生成的 EXE 格式文件，无需播放器可直接播放。

（5）在 PowerPoint 课件中插入 Flash 课件

1）"视图"——"工具栏"——"控件工具箱"，打开控件工具箱面板。

2）在"控件工具箱"面板中，单击"其他控件"按钮，选择"ShockWave Flash Object"，此时，光标变成十字形，用鼠标拖出一个区域，如图 12 - 7 所示。

图 12 - 7

3）在刚拖出的一个区域中，右击，选"属性"，如图 12 - 8 所示。

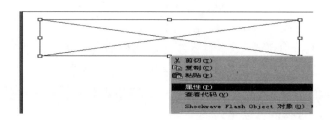

图 12 - 8

4）"属性"窗口中选"自定义"，单击"自定义"右边的按钮，弹出"属性"页对话框，在对话框第一行"Movie Url"栏中输入 Flash 动画的完整路径，文件名要有扩展名（如 1. swf），并选取"嵌入影片"选项，表示在当前演示文稿中嵌入该 Flash 文件，如图 12 - 9 所示。

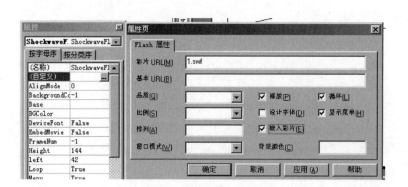

图 12 - 9

5）选择"幻灯片放映"——"观看放映"。

注意：在"属性页"对话框中的"影片 Url"输入框，用来输入插入 Flash 文件的文件名，不要添加路径，并且将该演示文稿保存在与该 Flash 文件相同的文件夹中，否则软件因无法找到播放的 Flash 文件，而显示失败。

在"属性页"对话框中，选取"嵌入影片"选项，则表示将 Flash 文件嵌入该演示文稿中，以后播放时可以不需要该文件。

（6）在 Author Ware 课件中插入 Flash 文件

1）"插入"——"媒体"——"Flash"，弹出 Flash 资源属性对话框。

2）单击"浏览"按钮，弹出"打开 Flash 影片"对话框，选中某 SWF 文件，单击"打开"按钮，插入该 Flash 文件。

3）在"媒体"栏中，取消"Linked"（连接）的选中状态，在当前文件中嵌入 Flash 文件，单击"OK"按钮，即可在流程线上插入一个 Flash 的图标。

4）选择"控制"——"运行"，预缆动画的播放效果。

制作技巧：①在 Author Ware 课件中插入 Flash 文件，无需设置课件的播放尺寸。如果需要重新设置课件的播放尺寸，可以在"Flash 资源属性"对话框中，设置"scale"（比例）栏中的"percent"（百分比）值来实现缩放，如设置为 50，则表示以课件的 50% 大小来播放，默认值为 100，即以课件的原始尺寸进行播放。②在"媒体"栏中，取消"Linked"（连接）的选中状态，表示在当前文件中嵌入 Flash 文件，在运行生成的可执行文件时，将无需该 Flash 文件。

（7）在 Frontpage 中插入 Flash 文件

1）"插入"——"高级"——"插件"，弹出对话框。

2）单击"浏览"按钮，弹出"选择文件"对话框，选中某 SWF 文件，单击"确定"。将"数据源"输入框中的文件路径删除，只保留 Flash 文件的文件名，如图 12-10 所示。

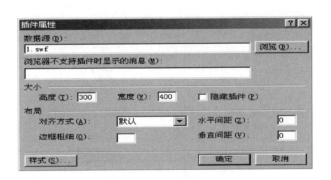

图 12-10

3）在"大小"选区中，设置"高度"为 300，"宽度"为 400，即该课件文件的原始大小。单击"确定"，即可。

4）选择"文件"——"保存"，将网页文件保存在与 Flash 文件同一个文件夹中。

（8）Dreamweaver 中插入 Flash 文件

1）启动 Dreamweaver，新建一个网页文件，选择"插入"——"媒体"——"Flash"，在弹出的"选择文件"对话框中，选中 Flash 文件 1. swf，单击"选择"按钮，将该文件插入到网页编辑窗口中。

2）选中该 Flash 文件，在下方的"属性"面板上，单击"播放"按钮，在当前的编辑窗口中播放该课件。此时该按钮变成了"停止"按钮，可用来停止课件的播放。

3）继续单击"属性"面板上的"参数"按钮，弹出一个对话框。在对话框的"参数"列下添加 wmode 参数，并将它的值设为 transparent（透明），单击"确定"，将网页中的 Flash 课件背景设置为透明。

4）选择"文件"——"在浏览器中预览"——"iexplore"，在浏览器中预览效果。

注意：在 Dreamweaver 中可以直接插入 Flash 课件，与 Frontpage 不同，无需设置课件的播放尺寸，而完全由软件自动设置。对于插入的 Flash 课件，利用"属性"面板，可以对课件播放的多种属性进行设置，如课件显示的画质、对齐方式、大小比例等。

为了在网页中将课件设置为透明方式播放，需要在"参数"对话框中，添加 wmode 参数，并将参数值设为 transparent（透明）。在网页中 Flash 课件有两种不同播放方式：透明和不透明。

12.1.3　任务实现

【案例1】

弹簧振子

课件"弹簧振子"包括两个页面：封面、动画及说明文字页。播放时首先全屏显示课件封面，通过单击封面右下角的"继续"按钮，切换到第二页播放弹簧振子动画及说明文字，完成后单击页面右下角的"退出"按钮退出。

1. 制作前的准备

本例较简单，包括两个页面，一个是课件封面，另一个页面用于播放弹簧振子动画，其版面设计如图 12 –11 所示。

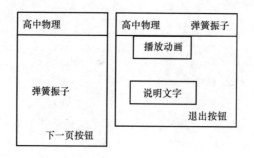

图 12 –11

整个课件的播放流程：先全屏显示封面，通过单击页面右下角的"继续"按钮，进入动画播放页面，播放结束后再次单击页面右下角的"控制"按钮，退出课件。

课件需要的素材：背景图片、弹簧振子动画、说明文字和控制按钮。

2. 制作过程

整个课件中，弹簧振子动画是制作的重点。制作过程中，要了解弹簧振子产生振动的原理是因为存在回复力，它是振动物体受到指向平衡位置的力，物体与平衡位置的距离越远，则受到的回复力越大，其运动速度也越快。

（1）制作封面。

①新建一个空白文件，单击"属性"面板上的"大小"按钮，将"尺寸"设为640px×480px，或800px×600px，单击"确定"，调整课件的播放尺寸。

②双击"图层1"层的名称，输入"背景"，修改图层名称。

③"文件"——"导入"，在对话框中选中图片文件"背景.jpg"，单击"打开"，将该图片作为课件的背景。

④选中背景图片，在"属性"面板上，设置图片的宽为640，高为480，坐标值X、Y均为0，使图片与课件画面的大小相吻合；选择"修改"——"排列"——"锁定"，将背景图片锁定，以防止制作过程中的误操作。

⑤单击"时间轴"上的"插入图层"按钮，在背景层上新建一图层，双击图层名，将其改为"标题"。

⑥单击绘图工具箱中的"文本工具"按钮 A ，在"属性面板"中设置字体为"花文新魏"、大小为40，颜色为蓝色，在舞台左上角单击，输入"高中物理"。

⑦单击绘图工具栏上的"线条工具"按钮，在"属性面板"中单击"笔触颜色"按钮，在弹出的调色板中选择蓝色，按住Shift键，在文字下方绘制一条水平直线。

⑧单击"插入图层"按钮，在"标题"层上新建一个图层，双击图层名，改名为"文字&动画"；在舞台中央输入文字"弹簧振子"，设置字体为"华文隶书"、大小为120，文字颜色为红色。

⑨选中文字，按Ctrl+C键将其复制到剪贴板上，再按Ctrl+Shift+V键在原来位置上粘贴，选中该文字，将其颜色改为白色，按键盘上的方向键向右，向下各两次，使其与原来文字错开一些距离。

⑩选择"修改"——"排列"——"下移一层"，将白色文字放置在红色文字下层。

⑪单击绘图工具栏中的"箭头工具"，拖出一个矩形框，选定这两层文字，再按Ctrl+G键，将其组合成一个图像。

⑫继续在"文字&动画"层上新建一个图层，双击图层名，将其改为"控制按钮"。

⑬选择"窗口"——"公用库"——"按钮"，双击"playback"文件夹将其展开，将"gel right"按钮拖动到舞台的右下角。

⑭单击"主要"工具栏上的"保存"按钮，在弹出的"另存为"对话框中，输入文件名"弹簧振子"，单击"保存"。

（2）制作"弹簧振子动画"的电影元件。

①"插入"——"新建元件"，在"名称"框中输入文字"弹簧振子动画"，将"行为"设置为"影片剪辑"，单击"确定"。

②单击"查看"——"网格"——"编辑网格"，在对话框中，选取"显示网格"

"对齐网格"，将网格的水平距离和垂直距离都调整为10px，单击"确定"，在舞台上显示网格，如图12-12所示。

图 12-12

③将"图层1"图层改为"桌台"，选择绘图工具栏上的"矩形工具"按钮，在"属性面板"中，设置"笔触颜色"为"无颜色" ，"填充色"为浅蓝色，在舞台上绘制两个矩形，并使他们相连，如图12-13所示。

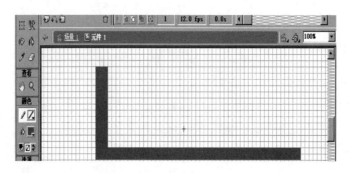

图 12-13

④在"桌台"图层上新建一个图层，将图层名改为"平衡位置"。单击"桌台"图层的锁定列，显示锁定图标，表示将该图层锁定。

⑤选中"平衡位置"图层，单击绘图工具栏上的"线条工具"按钮，在桌台图形中部下方绘制一条竖直短线；在短线下方，利用"文本工具"按钮，输入文字"平衡位置"，设置字体为"黑体"、大小为20，用来标记振动过程中的平衡位置。

⑥在"平衡位置"图层之上新建一个图层，双击图层名，将其改为"弹簧"。单击绘图工具栏上的"线条工具"按钮，在"属性面板"中，设置"笔触高度"为2，其他选项保持不变，绘制一条弹簧。

⑦单击绘图工具栏中的"箭头工具"，在弹簧周围，拖出一个矩形框，选中整个弹簧。单击绘图工具栏中的"任意变形工具"按钮，在该周围出现8个控制点。

⑧鼠标指针移到右侧中间的控制点上，当鼠标指针变成↔形状时，鼠标向左拖动一些距离，松开鼠标左键，弹簧由原来的松弛状态变成了紧缩状态。

⑨单击"弹簧"图层的第15帧，按F6键新建一个关键帧；用同样的方法分别在该层的第29帧、第43帧、第57帧（间隔为14帧）上新建关键帧，这些关键帧中的弹簧形状与第1帧相同。

⑩单击该图层的第 15 帧，选中弹簧图形，单击绘图工具栏中的"任意变形工具"按钮，在该周围出现 8 个控制点，鼠标指针移到右侧中间的控制点上，向右拖动到平衡位置上，松开鼠标。

⑪单击该图层的第 29 帧，继续将弹簧拉伸到最大位移。

⑫在第 15 帧上单击鼠标右键，在弹出的快捷菜单中，选择"拷贝帧"。在第 43 帧上单击鼠标右键，在弹出的快捷菜单中，选择"粘贴帧"，将第 15 帧中的内容复制到第 43 帧中（两帧中的弹簧形状相同）。

⑬第 57 帧保持不变（与第 1 帧相同）。

⑭单击"弹簧"图层的第 1 帧，在"属性面板"中设置"补间"动画为"形状渐变"、"简易"值为 –100，表示动画过程第 1 帧到第 15 帧由慢到快，呈加速运动。

⑮用同样方法，单击该图层的第 15 帧，在"属性面板"中设置"补间"动画为"形状渐变"、"简易"值为 100，表示动画过程第 15 帧到第 29 帧由快到慢，呈减速运动。

⑯继续设置第 29 帧的"补间"动画为"形状渐变"、"简易"值为 –100（加速运动），设置第 43 帧的"补间"动画为"形状渐变"、"简易"值为 100（减速运动）。

⑰在"弹簧"层上新建一个图层，双击图层名，将其改为"小球"；单击绘图工具栏中的"椭圆工具"，"属性面板"中设置"填充颜色"为绿黑渐变，按住 Shift 键，拖动鼠标绘制一个圆，双击该圆将其选中，并将其移动到弹簧的最右端。

⑱方法同上，分别在"小球"图层的第 15 帧、29、43、57 帧建立关键帧，在各个关键帧上将小球移到弹簧的最右端，相对位置与弹簧保持一致。

⑲在小球图层上建立形状渐变动画，动画设置与弹簧相同。分别单击"桌台""平衡位置"图层的第 57 帧，按 F5 延长帧。

⑳单击舞台左上角的"场景 1"按钮，回到主场景。

（3）制作"文字 & 动画"页面。

①单击"文字 & 动画"图层的第 2 帧，按 F7 键新建一个空白关键帧；选择"窗口"——"库"，将"弹簧振子动画"影片剪辑元件从库中拖到舞台上，放置在标题的下方。

②单击绘图工具箱中的"文本工具"按钮 $\mathbf{A}$，在"属性面板"中设置字体为"黑体"，大小为 20，输入如图 12 – 14 所示的说明文字。

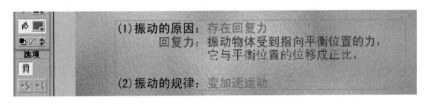

图 12 – 14

③单击"标题"图层的第 2 帧，按 F6 键插入一个关键帧，在标题栏的右端输入文字"弹簧振子"，字体为"黑体"，大小为 20，颜色为红色。

④单击"控制按钮"图层的第 2 帧，按 F7 新建一个空白关键帧，从公用库的"库"面板中拖放"gel stop"按钮到舞台右下角。

⑤选择"背景"图层的第2帧，按F5延长帧。

（4）添加脚本语句。

①在"文字 & 动画"图层的第1帧上，右击鼠标，选"动作"。单击"浏览器/网络"——在展开的动作语句列表中，双击"fscommand"语句，在"独立播放器命令"列表框中，选择"fullscreen"，参数中选"true"，使课件以全屏播放。

②继续单击"影片控制"图标，双击"stop"，使课件播放停留在当前帧，而不会自动进入下一帧播放。此时脚本编辑区中语句显示如下：

fscommand（"fullscreen"，"true"）；　　//使课件以全屏方式播放

stop（　）；　　　　　　　　　　　　//使课件播放停留在当前帧

③方法同上，单击"文件 & 动画"图层的第2帧，为该帧添加动作语句为"stop（　）"。

④单击"控制按钮"层的第一帧，选中右下角的控制按钮，在"动作"面板中，双击"动作"类别下的"影片控制"中的"go to"语句，在右侧窗格中设置"帧"为2，表示单击该按钮，课件立即跳转到第2帧播放，此时语句显示如下：

on　　（release）｛　　　　　　　//释放鼠标事件（单击按钮松开鼠标）

　　gotoAndplay（2）；　　　　//跳转到第2帧

｝

⑤单击"控制按钮"层的第2帧，选中右下角的控制按钮，在"动作"面板中，单击"浏览器/网络"——在展开的动作语句列表中，双击"fscommand"语句，在"独立播放器命令"列表框中，选择"quit"，表示结束播放。

此时语句显示如下：

on　　（release）｛　　　　　　　//释放鼠标事件（单击按钮松开鼠标）

fscommand（"quit"）；

｝

注意：为了使课件全屏播放，需要在第1帧（任意图层）中添加动作语句"fscommand（"fullscreen"，"true"）；"，当测试课件播放（按 Ctrl + Enter 键）时，该语句无效，只有当课件文件发布后，双击生成的 SWF 格式的文件或 EXE 文件时，才能产生全屏播放的效果。

【案例2】

一节完整的课件制作

下面以一个完整的课件制作步骤来说明课件的制作方法，如图12 – 15所示。

本课件是一个《Basic 语言》的循环语句的课件，该课件不一定是最好的课件，目的是说明如何制作一个完整的课件。

本课件是由一个片头（封面），片头上有几个小动画，有一个按钮，当单击按钮时就到下一个场景（菜单页面）去执行，如果不单击按钮，就一直停留在该场景页面运行动画；一个包含菜单的页面，该菜单是由几个按钮组成，单击该按钮就到相应的场景去执行相应的内容，执行完该内容后，又返回到主菜单页面。

图 12 – 15　课件封面

制作方法如下：

1. 制作封面（片头）

（1）在 Flash 中新建一个空白文件，单击"属性"面板上的"大小"按钮，在弹出的"文档属性"对话框中，设置"尺寸"为 800px（宽）×600px（高），单击"确定"，设置好课件播放的尺寸。

（2）双击图层 1 的名称，改为"背景"，单击"绘图"工具栏上的"矩形工具"按钮，在"属性"面板中，设置"笔触颜色"为无颜色；在"混色器"面板中，设置"填充样式"为"线性"，将渐变色滑竿左侧的颜色块设为白色，将右侧的颜色块设为橙色；在舞台上绘制一个矩形，完成后锁定该图层，如图 12 – 16 所示。

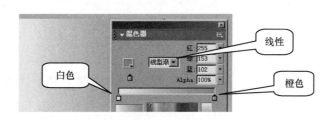

图 12 – 16

（3）选中该图形，在"属性"面板上，设置宽为 800，高为 600，使矩形与舞台的尺寸相同，并调整矩形的位置，使其正好覆盖整个舞台。

（4）在"背景"图层之上插入一个图层，命名为"语句"，单击第 5 帧，按 F7 键插入一个空白关键帧。单击绘图工具栏上的"文本"工具，在"属性面板"中设定字体，字号，在舞台中输入"For/Next 循环语句"，选定该文本，右击，"转换为元件"，名称为"语句"的图形元件。把该元件移到舞台右边；单击第 20 帧，按 F6 键插入一个关键帧，把"语句"元件实例移到舞台中间；右击第 5 帧，选"创建补间动画"。

（5）在"语句"图层之上插入一个新图层，命名为"教材"图层；单击绘图工具栏上的"文本"工具，在"属性面板"中设定字体，字号，在舞台中输入"职业学校计算机专业《Basic 语言》教材"，选定该文本，右击，"转换为元件"，名称为"教材"的图形元件。把该元件移到舞台左边；单击第 20 帧，按 F6 键插入一个关键帧，把"教材"元件实例移到舞台中间；右击第 1 帧，选"创建补间动画"。

（6）在"背景"图层之下插入一个图层，命名为"背景音乐"，"文件"——"导入"，导入一首音乐。单击第 1 帧，在"属性"面板中的"声音"框中选择"背景音乐"，"同步"中选"事件"。

（7）在"背景"图层之上插入一个图层，命名为"按钮"，建立一个按钮层。单击第 5 帧，按 F7 键插入一个空白关键帧。"插入"——"新建元件"，建立一个按钮元件。建立好该元件后，把该实例拖到舞台右边，单击第 20 帧，按 F6 键插入一个关键帧，把按钮实例拖到舞台中央。

（8）设置按钮事件：右击第 20 帧中的按钮，"动作"，在动作面板中输入：

on（release）｛   //释放鼠标时；
gotoAndPlay（"场景 2",1）;   //播放场景 2 的第 1 帧；
｝

（9）单击任一图层的第 20 帧，单击"动作"面板，输入：stop（ ）;
片头场景的时间轴图形如图 12 – 17 所示。

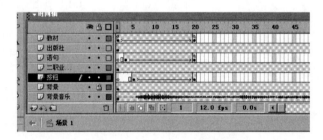

图 12 – 17　片头场景的时间轴图形

2. 制作课件主菜单页面

（1）"插入"——"场景"，插入一个场景 2 来作为主菜单页面，如图 12 – 18 所示。

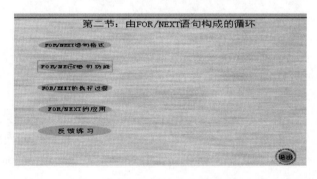

图 12 – 18

（2）在场景 2 中，"文件"——"导入"，导入一个木纹的背景图片，单击该木纹图片，右击，"转换为元件"，把它转换为图形元件。再单击选定该图片，单击"属性"面板，在"属性"面板上，设置宽为 800，高为 600，使矩形与舞台的尺寸相同，并调整矩形的位置，使其正好覆盖整个舞台。双击该图层的名称，改名为"背景"。

（3）在"背景"图层之上插入一个新图层，双击该图层2的名称，重命名为"标题"，单击绘图工具栏上的"文本"工具，设定字体、字号，在舞台中输入"第二节：由For/Next语句构成的循环"。

在该图层中，制作一个名称为"退出"的按钮，放到舞台的右下方，右击该按钮实例，选"动作"，在动作对话框中，输入：

```
on（release）｛                     //单击鼠标时；
gotoAndPlay（"场景7"，1）；//转到"场景7"；
｝
```

表示的含义是，如果单击该按钮，就转到"场景7"去执行，而"场景7"中是一个"谢谢"的页面，并且有一个退出按钮，该退出按钮的动作语句是：

```
on（release）｛                     //单击鼠标时；
fscommand（"quit"）；          //退出Flash系统；
｝
```

当然，也可以把按钮单独作为一个图层（建议，单独作为一个图层）。

（4）在"标题"图层之上新图层，命名该图层为"格式按钮"图层；单击"绘图工具栏"上的椭圆工具，设置"笔触颜色"为无，"填充颜色"为浅绿色。在舞台中拖拽出一个椭圆。再单击文本工具，在椭圆上输入"For/Next语句格式"，用绘图工具栏上的箭头工具选择该椭圆，按Ctrl＋G键组合。右击该组合图形，选"转换为元件"，在转换元件对话框中，设定行为为"按钮"，名称为"格式按钮"。

（5）在"格式按钮"图层之上插入一个图层，重命名为"语句功能"。单击该图层的第15帧，按F7键插入一个空白关键帧。

"插入"——"新建元件"，单击绘图工具栏上的椭圆工具，画出一个椭圆按钮图形，用绘图工具栏上的"文本"工具，在椭圆图形内输入"For/Next语句功能"，分别在按钮的"指针经过"、"按下"、"点击"中按F6键来插入一个关键帧，回到场景中。把该按钮实例放到舞台的右下角。

单击该图层的第25帧，按F6键插入一个关键帧，然后把右下角的"语句功能按钮"实例拖放到舞台左上角（"格式按钮"实例图形的下方）。右击第15帧到25帧的任一帧，选"创建补间动画"。实现了该按钮图形从右下角向左上角的运动动画效果。

（6）方法同（5），在"语句功能"图层之上插入一个"执行过程"图层，建立一个"For/Next执行过程"的按钮，建立第20帧到第30帧的动画。

（7）在"执行过程"图层之上插入一个"应用"图层，建立一个"For/Next的应用"的按钮，建立第25帧到第30帧的动画。

（8）在"应用"图层之上插入一个"反馈练习"图层，建立一个"反馈练习"的按钮，建立第28帧到第30帧的动画。

（9）单击"执行过程"的第30帧，单击"动作"面板（或右击第30帧，选"动作"），输入动作语句：stop（ ）；表示运行到第30帧时，暂停下来。

（10）为场景2上的菜单按钮设置动作语句。

右击"For/Next格式"按钮，选"动作"，其动作语句是：

```
on （release） {
gotoAndPlay （"场景 3",1）;
}
```

右击"For/Next 语句功能"按钮，选"动作"，其动作语句是：

```
on （release） {
gotoAndPlay （"场景 3",10）;
}
```

右击"For/Next 执行过程"按钮，选"动作"，其动作语句是：

```
on （release） {
gotoAndPlay （"场景 9",1）;
}
```

右击"For/Next 的应用"按钮，选"动作"，其动作语句是：

```
on （release） {
gotoAndPlay （"场景 3",25）;
}
```

右击"反馈练习"按钮，选"动作"，其动作语句是：

```
on （release） {
gotoAndPlay （"场景 4",1）;
```

场景 2（主菜单页面）的时间轴图形如图 12 - 19 所示。

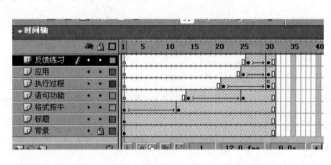

图 12 - 19

3. 制作主菜单按钮所连接的场景

例如：单击"For/Next 执行过程"按钮，就转到"场景 9"中去执行。

"插入"——"场景"，名称为"场景 9"，在场景 9 中制作相应的动画内容。

制作方法与前面的场景制作方法相同，当执行完该场景内容后，在该场景中插入一个按钮，单击该按钮，再返回到主菜单（场景 2）。

任务12.2 思考与实践

练习制作一节课的课件作品。